Stefan O. Reinke

Biochemische Charakterisierung von GNE-Isoformen

Stefan O. Reinke

Biochemische Charakterisierung von GNE-Isoformen

Identifizierung, Expression und biochemische Charakterisierung von Isoformen der UDP-GlcNAc-2-Epimerase/ManNAc-Kinase

Südwestdeutscher Verlag für Hochschulschriften

Impressum/Imprint (nur für Deutschland/only for Germany)
Bibliografische Information der Deutschen Nationalbibliothek: Die Deutsche Nationalbibliothek verzeichnet diese Publikation in der Deutschen Nationalbibliografie; detaillierte bibliografische Daten sind im Internet über http://dnb.d-nb.de abrufbar.

Coverbild: www.ingimage.com

Verlag: Südwestdeutscher Verlag für Hochschulschriften GmbH & Co. KG
Heinrich-Böcking-Str. 6-8, 66121 Saarbrücken, Deutschland
Telefon +49 681 37 20 271-1, Telefax +49 681 37 20 271-0
Email: info@svh-verlag.de

Zugl.: Berlin, FU, Diss., 2008

Herstellung in Deutschland (siehe letzte Seite)
ISBN: 978-3-8381-3375-1

Imprint (only for USA, GB)
Bibliographic information published by the Deutsche Nationalbibliothek: The Deutsche Nationalbibliothek lists this publication in the Deutsche Nationalbibliografie; detailed bibliographic data are available in the Internet at http://dnb.d-nb.de.

Cover image: www.ingimage.com

Publisher: Südwestdeutscher Verlag für Hochschulschriften GmbH & Co. KG
Heinrich-Böcking-Str. 6-8, 66121 Saarbrücken, Germany
Phone +49 681 37 20 271-1, Fax +49 681 37 20 271-0
Email: info@svh-verlag.de

Printed in the U.S.A.
Printed in the U.K. by (see last page)
ISBN: 978-3-8381-3375-1

Für Vanessa

Schön, daß es Dich gibt!

Inhaltsverzeichnis

I Einleitung

Alle lebenden Zellen sind von einer Plasmamembran umgeben, die durch ihre Struktur und Permeabilitätseigenschaften eine Barriere gegen die Außenwelt darstellt, zugleich aber auch den kontrollierten Stoffaustausch mit ihr ermöglicht. Membranen sind sehr komplexe Gebilde mit einer Vielzahl unterschiedlicher Funktionen. Sie sind an zahlreichen Stoffwechselprozessen beteiligt, eng mit Energieumwandlungsprozessen wie Photosynthese und Phosphorylierung verknüpft, spielen eine Rolle bei der Aufnahme von und bei der Reaktion auf äußere Signale, sind an Bewegungsvorgängen, Wachstum und Zellteilungen beteiligt und kontrollieren den Informationsfluß zwischen den Zellen und ihrer Umgebung. Die strukturelle Grundlage aller zellulären Membranen sind Lipiddoppelschichten, die aus Phosphoglyceriden, Sphingolipiden und Cholesterin bestehen. In die Lipid-doppelschichten sind Membranproteine eingelagert. Integrale Membranproteine durchspannen mit Transmembran-Helices die Lipiddoppelschicht einfach oder mehrfach, wohingegen periphere Membranproteine über Glycosylphosphatidylinositol (GPI)-Anker mit der Lipiddoppelschicht verbunden sind (Abb. 1).

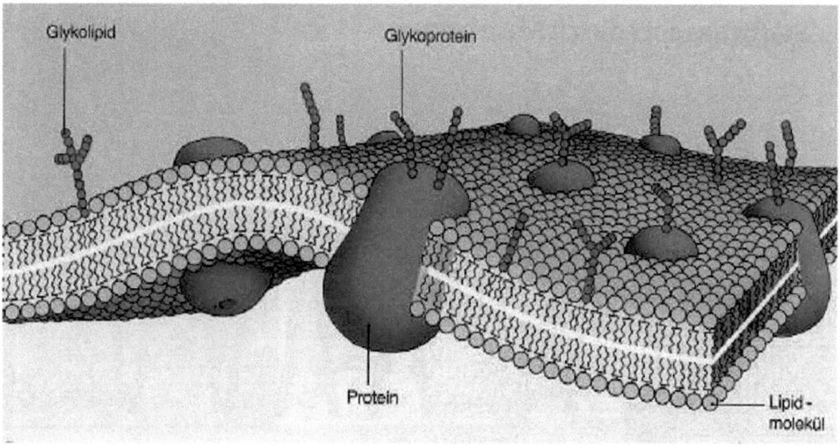

Abbildung 1: Schematischer Aufbau einer zellulären Plasmamembran. Sie besteht aus einer etwa 6 nm dicken Doppelschicht von Lipidmolekülen. In dieser Lipiddoppelschicht sind integrale Membranproteine eingelagert oder periphere Membranproteine mit ihr assoziiert. Membranproteine können Kohlenhydratketten tragen.

Lipide und alle Membranproteine tragen kovalent verknüpfte, oft verzweigte Kohlenhydratketten, die immer nach außen gerichtet sind. Der Kohlenhydratanteil der Glycoproteine kann bis zu 85% betragen. Diese Glycoproteine und Glycolipide bilden zusammen mit Proteoglycanen eine Art zusätzlicher Zellhülle, die Glycokalix (Abb. 2). Sie vermittelt oft die Interaktion zwischen Biomolekülen bei Zell-Zell- und Zell-Matrix-Kontakten. Viele Glycokonjugate sind auch Rezeptoren für Signalmoleküle. Die Forschungen über Glycane und glycanhaltige Moleküle sind in den letzten Jahren unter dem Begriff Glycomics zunehmend in den Mittelpunkt gerückt. Sie spielen eine wichtige Rolle in der Grundlagenforschung, in der Lebensmitteltechnologie und in der pharmazeutischen Industrie. Sie bilden eine neue Basis für die Entwicklung von Therapeutika und die Verbesserung von diagnostischen Verfahren. Die Sialinsäure als terminale Komponente dieser Oligosaccharidstrukturen ist dabei ein herausragendes Zielmolekül.

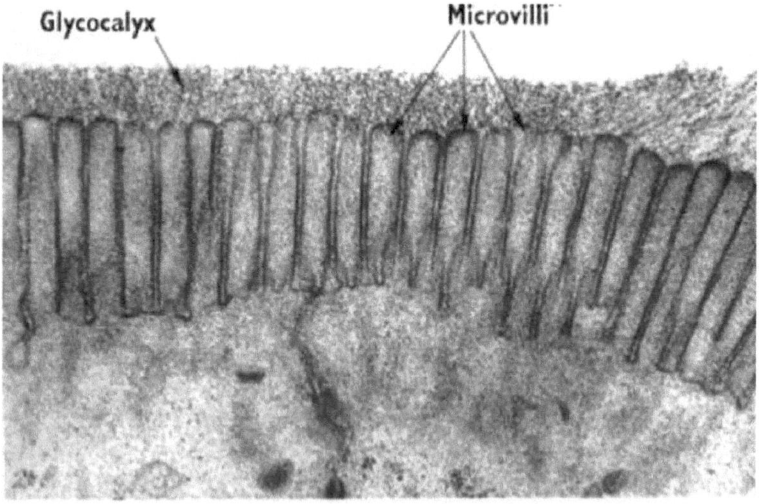

Abbildung 2: Die Glycokalix eukaryontischer Zellen. Die Glycokalix lässt sich im Elektronenmikroskop darstellen, ist bis zu 140 nm dick und besteht aus dicht gepackten Oligosaccharidketten.

1.1. Struktur der Sialinsäuren

Die Sialinsäuren sind eine Familie von sauren Aminozuckern, deren Grundgerüst aus neun Kohlenstoffatomen besteht (Abb. 3). Die C-2-Position ist stets carboxyliert, während die C-5-Position eine Aminogruppe trägt. Gewöhnlich wird die Aminogruppe acetyliert, so daß der häufigste Vertreter der Sialinsäuren entsteht, die *N*-Acetylneuraminsäure (Neu5Ac). Diese ist biosynthetischer Vorläufer für nahezu alle der 50 natürlich vorkommenden Sialinsäuren (Angata und Varki, 2002). Die unsubstituierte Form, die Neuraminsäure, tritt in der Natur nur äußerst selten auf (Manzi *et al.*, 1990). Sialinsäuren bilden in Lösung durch intramolekulare Kondensation spontan einen Pyranosering zwischen C-2 und C-6, so daß ein Halbacetal entsteht. In Glycokonjugaten findet man Sialinsäuren in der α-Konformation. Eine Ausnahme bildet der aktivierte Nucleotidzucker der Sialinsäure, CMP-Neu5Ac, in dem das anomere Kohlenstoffatom β-Konformation aufweist (Kolter und Sandhoff, 1997).

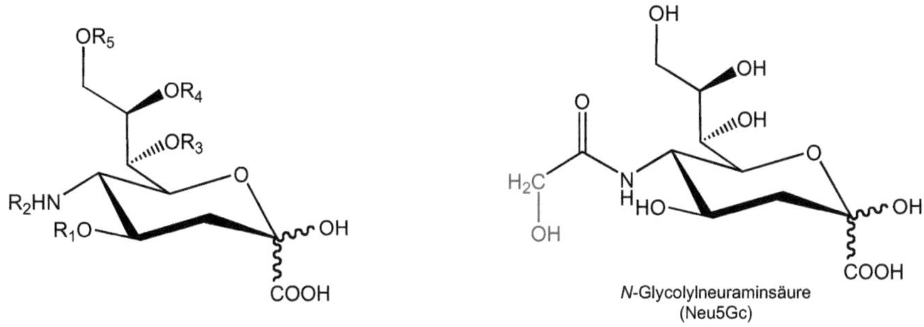

Abbildung 3: Struktur von Sialinsäuren. Sialinsäuren sind *N*-acylierte (R_2 = Acetyl- oder Glycolylgruppen) Derivate der Neuraminsäure mit Acetyl-, Lactoyl-, Methyl-, Sulfonyl- und Phosphonylgruppen als mögliche O-Substituenten (R_1, R_3, R_4, R_5). Bei Neu5Ac, der häufigsten Sialinsäure, liegen alle Hydroxylfunktionen unmodifiziert vor. Bei physiologischem pH-Wert ist die Carboxylatgruppe deprotoniert. *N*-Glycolylneuraminsäure (Neu5Gc): Die Acetylgruppe (rot) wird oxidiert.

Die große Vielfalt der Sialinsäuren entsteht durch die Art der Aminosubstituenten, sowie Anzahl, Position und Kombination von Hydroxylsubstituenten an den Positionen C-4, C-7, C-8 und C-9 durch Acetyl-, Lactoyl-, Sulfonyl-, Phosphonyl- oder Methylgruppen (Schauer *et al.*, 1995). Sie erhalten diese Modifikationen im *trans*-Golgi-Netzwerk nach ihrer Bindung an das Oligosaccharid. Als Substituenten der Aminogruppe ist neben der Acetylauch die Glycolylgruppe beschrieben (Varki, 1992), die zur Bildung der *N*-Glycolylneuraminsäure (Neu5Gc) führt. Die Oxidation der Acetylgruppe von CMP-Neu5Ac zur Glycolylgruppe erfolgt im Cytosol (Shaw und Schauer, 1988). In humanem Gewebe fehlt jedoch die Neu5Gc. Dies basiert auf einer Mutation im CMP-Neu5Ac-Hydroxylase-Gen (Irie *et al.*, 1998). Das Fehlen der Neu5Gc in humanem Gewebe ist damit der bisher einzige bekannte molekulare Unterschied zwischen Mensch und Schimpansen (Gagneux *et al.*, 2005). Lediglich in fötalem Gewebe und in einigen Tumoren konnte die höchstwahrscheinlich aus exogenen Quellen stammende und inkorporierte Neu5Gc nachgewiesen werden (Tangvoranuntakul *et al.*, 2003). Da humane embryonale Stammzellen heutzutage mit Neu5Gc-haltigen Seren anderer Säugetiere auf einer Schicht von Maus-Feederzellen kultiviert werden, sind sie gleich zwei Neu5Gc-Quellen ausgesetzt. Sie nehmen Neu5Gc aus dem Medium und über die Feederzellen auf, bauen sie in die Glycanketten ein und präsentieren diese Sialinsäure schließlich auf ihrer Zelloberfläche (Martin *et al.*, 2005). Im adulten humanen Organismus wirkt Neu5Gc jedoch antigen (Kawai *et al.*, 1991; Kean, 1991), wodurch das therapeutische Klonen, welches das Ersetzen von malignem Gewebe durch Nachzüchtung aus Stammzellen anstrebt, mit der heutigen Generation von Stammzellen Gefahren in sich birgt (Martin *et al.*, 2005). Zur kompletten Eliminierung der antigenen Neu5Gc müssten demnach neue embryonale Stammzelllinien etabliert werden, die ausschließlich auf humanen Feederzellen mit humanem Serum kultiviert werden.

Die Vielzahl der natürlichen Sialinsäuren wurde durch die Verwendung neuer synthetischer Sialinsäurevorläufer beträchtlich vermehrt. Diese Mannosamin-Analoga (Abb. 4) werden in der *N*-Acylseitenkette chemisch modifiziert. Zellen werden mit diesen Sialinsäurevorläufern behandelt. Die modifizierten Sialinsäurevorläufer werden dann durch die Enzyme der Sialinsäurebiosynthese zu Sialinsäuren metabolisiert und durch Sialyltransferasen in Glycokonjugate eingebaut (Hinderlich *et al.*, 2005). Die biologische Bedeutung der Sialinsäuren und ihrer *N*-Acylseitenkette kann durch dieses neue biochemische Verfahren genauer erfaßt werden. Keppler *et al.* (1995) zeigten, daß Zellen, die mit millimolaren Konzentrationen der Analoga behandelt wurden, einen hohen Anteil modifizierter Sialinsäuren auf der Oberfläche präsentierten. Die Analoga der Sialinsäuren oder Mannosamine müssen dazu zuerst in das Cytosol der Zellen gelangen. Die millimolaren Konzentrationen, die erforderlich sind, um nennenswerte Mengen der

Analoga einzubauen, deuten darauf hin, daß die Zucker durch Endocytose aufgenommen werden. Bardor *et al.* (2005) konnten zeigen, daß exogenes Neu5Gc über Endocytose ins Lysosom gelangt und von dort über unspezifischen Transport ins Cytosol exportiert wird. Dies ist ein erstes Beispiel dafür, daß kleine Moleküle über spezifischen lysosomalen Transport in die Zelle gelangen. Mannosamin-Derivate wie ManNGc überbrücken durch passive Diffusion die Plasmamembran und werden im Cytosol zu Sialinsäuren umgesetzt. Collins *et al.* (2000) zeigten, indem sie die Hydrophobizität der Zuckeranaloga durch Acetylierung der Hydroxylgruppe erhöhten, daß ebenfalls eine Diffusion durch die Plasmamembran stattfindet. Sie schließen daraus, daß acetylierte Zucker durch Diffusion, nicht-acetylierte Zucker durch Endocytose in die Zelle gelangen.

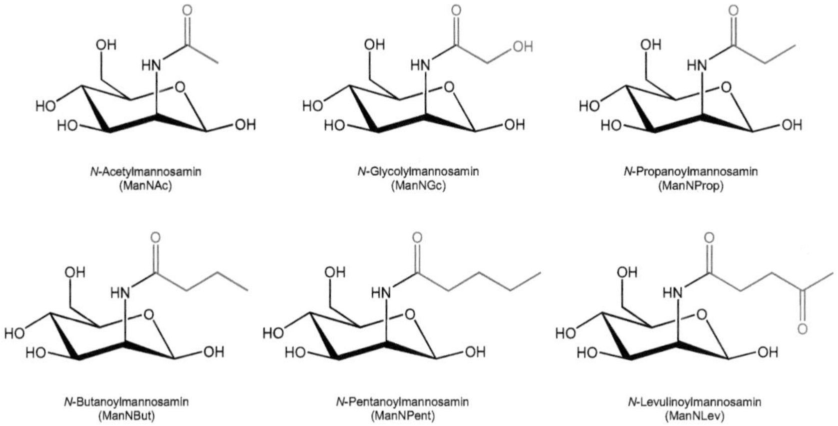

Abbildung 4: Synthetische metabolische Sialinsäurevorläufer. Strukturen unnatürlicher Mannosaminderivate, die in Glycokonjugate eingebaut werden können. Die biologische Bedeutung der Sialinsäuren kann durch dieses biochemische Verfahren genauer untersucht werden.

Die am häufigsten eingesetzten Analoga zur Modulation der Struktur von Sialinsäuren sind die Mannosamine mit verlängerten oder modifizierten *N*-Acylseitenketten (Abb. 4). Die *N*-Acylseitenkette wird von den Enzymen des Sialinsäurestoffwechsels und vom CMP-Neu5Ac-Transporter nicht erkannt und spielt somit keine Rolle bei der Substratbindung. Werden die Seitenketten der Mannosaminderivate aber zu lang oder zu sperrig, können sie grundsätzlich nicht mehr metabolisiert werden. Dies wurde für Analoga mit sechs oder mehr Kohlenstoffatomen in den Seitenketten gezeigt (Jacobs *et al.*, 2001). Dagegen scheint die Aminogruppe des Zuckers sehr wichtig zu sein. Wird sie durch eine Methylengruppe substituiert, lässt sich generell keine Metabolisierung mehr nachweisen. Der Schlüsselschritt bei der Metabolisierung scheint die Phosphorylierung der Analoga zu sein. Die ManNAc-Kinase kann Mannosaminderivate mit längeren Seitenketten nicht phosphorylieren. Diese Phosphorylierung muß durch eine andere Kinase erfolgen. Hinderlich *et al.* (2005) konnten nachweisen, daß es sich dabei um die GlcNAc-Kinase handelt. Die Einbaurate von Mannosaminanaloga in membrangebundene Sialinsäuren verschiedener Zelllinien ist unterschiedlich stark (Keppler *et al.*, 2001). Der entscheidende Faktor scheint dabei die endogene ManNAc-Synthese der Zellen zu sein. ManNAc konkurriert mit den Analoga bei der Metabolisierung durch die verschiedenen Enzyme.

1.2. Vorkommen von Sialinsäuren

Sialinsäuren sind essentielle Bestandteile von Glycokonjugaten. In der Stammgruppe der Deuterostomia (Neumünder) konnten die Sialinsäuren bei den Stämmen Hemichordata (Kiemenlochtiere), Echinodermata (Stachelhäuter) und Chordata (Chordatiere) nachgewiesen werden (Corfield, 1982). Die Echinodermata sind der erste Abzweig des Evolutionsbaumes (Abb. 5), bei dem in den meisten Geweben eines Tieres Sialinsäuren zu finden waren. Urochordata (Manteltiere) besitzen keine Sialinsäuren, obwohl sie sich später als die Echinodermata entwickelt haben. Für die Cephalochordata (Schädellose) und Vertebrata (Wirbeltiere), zu denen auch der Mensch gehört, konnte eine große Vielfalt an Sialinsäuren nachgewiesen werden. Die Mehrheit der isolierten und analysierten Kohlenhydrate stammt aus der Klasse der Mammalia (Säugetiere). Es gibt keine Säugetier-Spezies, bei denen keine Sialinsäuren gefunden wurden. Bei anderen Spezies sind sie dagegen eher die Ausnahme. In dem Evolutionszweig der Amphibien wurde in Gehirn, Haut, Muskel, Eier und Blut von Fröschen die Anwesenheit von Sialinsäuren gezeigt (Corfield, 1982). Die Reptilien wurden noch nicht systematisch auf das Vorkommen von Sialinsäuren untersucht. Die wenigen Spezies, die untersucht wurden, wie z. B. Schildkröten, wiesen Sialinsäuren auf. Kürzlich wurden auch sialylierte Glycolipide im Gewebe von Tintenfischen entdeckt (Saito *et al.*, 2001).

In der Deuterostomia-Linie kommen alle Varianten der O-Modifikation vor (Angata und Varki, 2002). Wirbeltiere besitzen in der Regel nur O-acetylierte und eventuell noch O-lactoylierte Sialinsäuren. Hinsichtlich der Vielfalt an Sialinsäuren können sich die einzelnen Arten jedoch stark unterscheiden. So konnten in der Speicheldrüse des Rindes 14 verschiedene Sialinsäuren identifiziert werden (Reuter *et al.*, 1983). Humanes Gewebe dagegen enthält nur drei verschiedene Typen von Sialinsäuren, die Neu5Ac, die 9-O-acetylierte Neu5Ac und die 9-O-lactosylierte Neu5Ac. Das Vorkommen der einzelnen Sialinsäuren wird von den Aktivitäten zahlreicher spezifischer Sialyltransferasen bestimmt (Paulson *et al.*, 1989; Basu *et al.*, 1995). Die Verteilung der Sialinsäuren ist dabei spezies-, organ-, und ontogenesespezifisch (Varki, 1993).

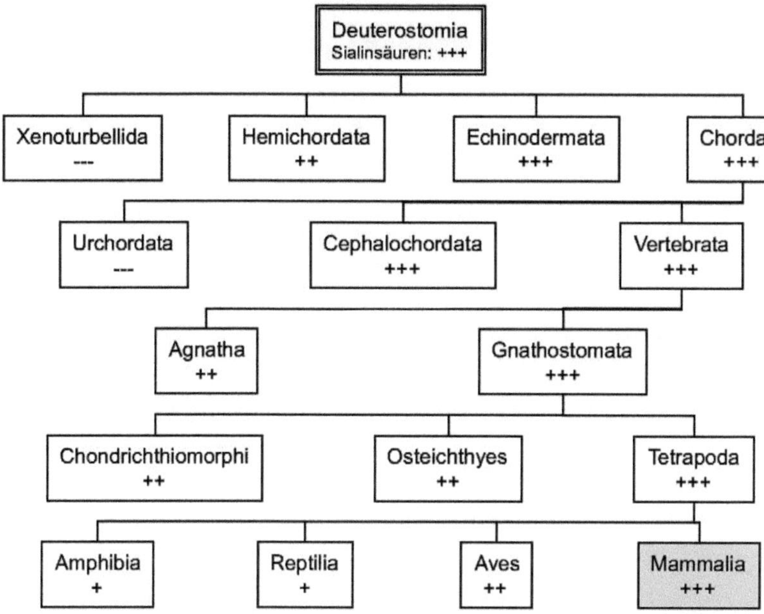

Abbildung 5: Systematik der Deuterostomia oder Neumünder und ihre Vorkommen an Sialinsäuren. „+++": sehr hohe Vielfalt an Sialinsäuren; „++": hohe Vielfalt an Sialinsäuren; „+": in einzelnen Spezies nachweisbar; „---": in keiner Spezies nachweisbar (nach: Corfield, 1982). Alle Mammalia-Spezies (grau unterlegt) besitzen Sialinsäuren.

In der Stammgruppe der Protostomia (Urmünder) besitzt die Mehrheit dieser Organismen keine Sialinsäuren. Im Unterstamm der Crustacea (Krebstiere) und der Tracheata (Tracheentiere) konnten sie jedoch nachgewiesen werden. Die Insekten exprimieren in bestimmten Entwicklungsstadien Sialinsäuren. Mit immun-histologischen Nachweisen, Western-Blot-Analysen und Massenspektroskopie konnten Roth *et al.* (1992) Neu5Ac und

das α2-8-verknüpfte Neu5Ac-Homopolymer Polysialinsäure (PSA) in *Drosophila melanogaster* nachweisen. Während Neu5Ac bei der Entwicklung von *Drosophila melanogaster* vom Blastoderm bis zum dritten Larvalstadium vorkommt, ist die Expression von PSA streng reguliert und findet ausschließlich in den Embryonen statt. Das Sialinsäurederivat Neu5Gc7,9Ac_2 wurde sogar im dritten Larvalstadium der *Galleria mellonella* gefunden (Malykh *et al.*, 1999).
Sialinsäuren konnten eindeutig in einigen Protozoen (Einzeller) wie Bakterien und niederen Eukaryoten gefunden werden (Angata und Varki, 2002). In Bakterien bilden sie Komponenten der Polysaccharide der äußeren Hülle. Die Sialinsäuren dienen den Bakterien in erster Linie als Schutzbarriere vor der Erkennung und Bekämpfung durch das Immunsystem der Wirtsorganismen. Sie kommen hier weniger als terminale, sondern in der Regel als interne Zuckereinheiten der Polysaccharide oder in Form von Polysialinsäure vor.
Sowohl bei Pilzen als auch bei Hefen konnten Sialinsäuren nachgewiesen werden. Das Vorkommen von Sialinsäuren bei Hefen ist jedoch umstritten. Es gibt experimentelle Daten, die darauf hinweisen, daß sich Sialinsäuren auf der Zelloberfläche definierter Stämme befinden. So haben Alviano *et al.* (1999) und Jones *et al.* (1995) die Anwesenheit von Sialinsäuren in *Candida albicans* indirekt nachgewiesen. Die Behandlung von drei isolierten Glycoproteinen mit Sialidase führte zu einer offensichtlichen Abnahme der molekularen Masse bei zwei von ihnen.
Sehr umstritten ist der Nachweis von Sialinsäuren bei Pflanzen. Shah *et al.* (2003) spekulieren, daß das Genom von *Arabidopsis thaliana* vermeintliche Gene für CMP-Neu5Ac-Transporter und Sialyltransferasen beinhaltet und *A. thaliana* damit in der Lage ist, Proteine zu sialylieren. Sie zeigten, daß Suspensionszellen von *A. thaliana* sialylierte Glycoproteine exprimeren. Es wurden *A. thaliana*-Suspensionszellen aufgearbeitet und über ein Gemisch immobilisierter Lektine (SNA-1, MAA), die spezifisch für Neu5Acα2-3Gal- bzw. Neu5Acα2-6Gal-Strukturen sind, aufgereinigt. Mittels Western-Blot-Analysen über biotinylierte Lektine konnten sowohl im Extrakt als auch in der aufgereinigten Fraktion sialylierte Glycoproteine nachgewiesen werden. Séveno *et al.* (2004) zweifeln diese Ergebnisse an. Sie glauben, daß die verwendete Methode unter bestimmten Bedingungen falsch-positive Ergebnisse liefert, da diese Western-Blot-Signale nicht spezifisch für

Sialinsäuren sein können. Nach einer Sialidase-Behandlung der Proben erhielten sie die gleichen Western-Blot-Signale.

1.3. Sialylierte Oligosaccharidstrukturen

1.3.1. Glycoproteine

Glycoproteine sind in der Natur ubiquitär und kommen vom Archaebakterium bis zum Menschen vor. Die Glycosylierung ist die häufigste posttranslationale Modifikation und bestimmt maßgeblich die strukturellen und regulatorischen Eigenschaften von Proteinen. Die gebundenen Kohlenhydrate variieren von Monosacchariden über Di- und Oligosaccharide bis zu Polysacchariden. Mindestens 50% aller Säugerproteine sind glycosyliert, wobei die Funktion dieser Glycosylierungen nicht immer verstanden wird (Apweiler *et al.*, 1999). Glycoproteine wurden innerhalb der Zelle sowohl im Cytoplasma als auch in subzellulären Kompartimenten, in Plasmamembranen und im extrazellulären Raum gefunden. Die meisten Proteine, wie Enzyme, Antikörper, Hormone, Cytokine, Rezeptoren und Strukturproteine, sind Glycoproteine. Es gibt drei Typen der Verknüpfung zwischen dem Kohlenhydratanteil und dem Protein: die N-glycosidische (N-Glycane), die O-glycosidische (O-Glycane) und die über Ethanolaminphosphat. Bei letzterem wird der C-terminale Rest eines Proteins über Ethanolaminphosphat an das Oligosaccharid von Phosphatidylinositol, dem GPI-Anker, angehängt.

N-Glycane sind über *N*-Acetylglucosamin (GlcNAc) an Asparagin in der Konsensussequenz Asn-X-Ser/Thr von Glycoproteinen gebunden und besitzen eine gemeinsame Kernstruktur aus zwei GlcNAc- und drei Mannoseresten (Abb. 6). Die identische Gruppe aus fünf Zuckern resultiert aus Gemeinsamkeiten in der Biosynthese. In tierischen Glycoproteinen spielen sieben Zucker eine bedeutende Rolle. Diese sind die bereits erwähnten GlcNAc, Mannose und die Sialinsäuren. Desweiteren kommen Glucose, Galactose, Fucose und *N*-Acetylgalactosamin (GalNAc) vor.

Der variable Strukturteil läßt sich in drei Klassen unterteilen (Schachter, 2000). Oligomannose-Glycane besitzen neben der Kernstruktur nur noch α1-2- und α1-6-verzweigte Mannosereste. Hefen können zum Beispiel Oligomannoseketten mit bis zu 200 Mannosen produzieren. Die Oligosaccharide des komplexen Typs besitzen zusätzlich *N*-Acetyllactosamineinheiten, bestehend aus GlcNAc und Galactosen, Fucosen und

Sialinsäuren. Die Sialinsäuren sind an das nicht-reduzierende Ende der Oligosaccharide des komplexen Typs in α2-3- oder α2-6-Stellung gebunden. Eine Sonderform der Sialylierung stellt die Polysialylierung von N-Glycanen des neuralen Zelladhäsionsmoleküls (NCAM) dar. Polysialinsäure besteht aus einer linearen Kette von bis zu 200 α2-8-verknüpften Sialinsäuren (Mühlenhoff *et al.*, 1998). Der hybride Typ stellt eine Mischform aus mannosereichem und komplexem Typ dar. Die Kernstruktur kann auch einen Xylose-Rest tragen, was allerdings einen Sonderfall der N-Glycane darstellt (Sharon und Lis, 1997). Häufig enthalten Glycoproteine auch Sulfatreste, die normalerweise an Galactose, GlcNAc oder GalNAc gebunden sind.

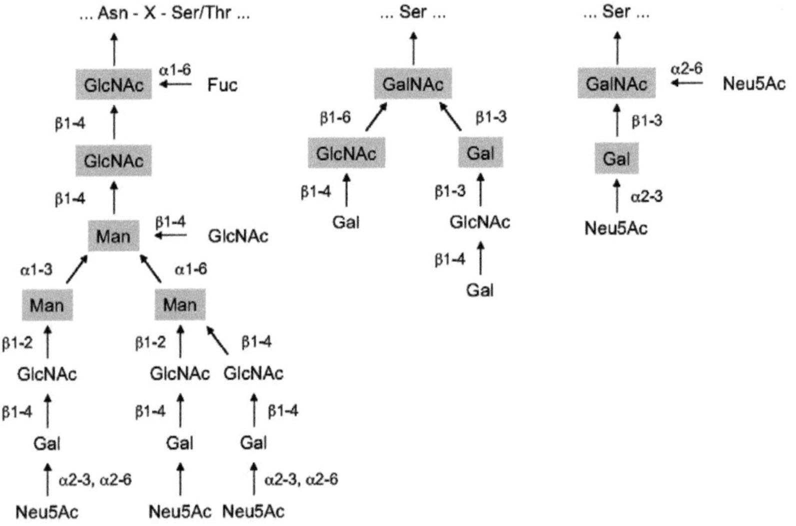

Abbildung 6: Strukturen typischer N- bzw. O-glycosidisch verknüpfter Oligosaccharide von Glycoproteinen. Links: Grundstruktur eines typischen triantennären, komplexen N-Glycans. Die für alle N-Glycane gemeinsame Kernstruktur ($GlcNAc_2Man_3$) ist grau unterlegt. ...Asn-X-Ser/Thr... ist die Aminosäure-Konsensussequenz für die N-Glycosylierung. Neben dem gezeigten triantennären Glycan sind bei Kohlenhydratstrukturen des komplexen Typs zusätzlich mono- und biantennäre Formen sowie auch tetra- und pentaantennäre Formen möglich (Fukuda, 1994). Mitte: O-Glycan-Struktur von Blutgruppensubstanzen. Rechts: O-Glycan-Struktur aus Sialoglycoprotein der humanen Erythrocytenmembran.

Die Struktur der O-Glycane ist sehr viel heterogener als die von N-Glycanen (van den Steen *et al.*, 1998; Peter-Katalinic, 2005), so daß man von keiner einheitlichen

Nomenklatur reden kann. In Glycoproteinen wurde eine große Vielfalt von O-glycosidischen Bindungen zwischen Kohlenhydraten und Proteinen gefunden (Sharon und Lis, 1997). Es gibt verschiedene Formen der O-Glycosylierung (Abb. 6). Bei Zelloberflächen- und extrazellulären Proteinen ist die am häufigsten vorkommende die α-Verknüpfung von GalNAc mit der Hydroxylgruppe von Serin oder Threonin. Im Gegensatz zur N-Glycosylierung gibt es hier 8 verschiedene Kernstrukturen (Peter-Katalinic, 2005). Eukaryontische nucleäre und cytoplas-matische Proteine haben O-GlcNAc als häufigsten Glycosylierungstyp. O-GlcNAc kann mit Serin oder Threonin β-verküpft sein (Wells und Hart, 2003). Diese Proteine, wie z. B. Tumorsuppressoren, Cytoskelettproteine oder Transkriptions-faktoren sind involviert in der Regulation des Zellzyklus und bei Zellwachstum und -differenzierung. Weiterhin gibt es die O-Fucosylierung, die O-Mannosylierung, die O-Glucosylierung, die Phosphoglycosylierung und die O-Glycosaminoglycan-Typ-Glycosylierung. Die O-Fucosylierung ist eine ungewöhnliche posttranslationale Modifikation. Hier ist die Fucose ebenfalls β-glycosidisch mit einem Serin oder Threonin in der Konsensussequenz Gly-Gly-Ser/Thr verknüpft. Bei Proteinen, die eine wichtige Rolle bei physiologischen Prozessen, wie Blutgerinnung, Signaltransduktion und Metastasierung spielen, konnte diese O-Fucosylierung gezeigt werden, wobei ihre Funktion noch unklar ist. Diese Modifikation konnte in den EGF-Domänen einiger Blutgerinnungs- und fibrinogen Proteine (Harris und Spellman, 1993), sowie im humanen Notch 1-Protein nachgewiesen werden (Moloney *et al.*, 2000). Notch 1 ist ein Zelloberflächenrezeptor, der in Entwicklungsprozessen, wie Neurogenese und Angiogenese seine Funktion findet. Die Konsensussequenz der O-Fucose-Verknüpfung ist Cys-X-X-Gly-Gly-Ser/Thr-Cys. Hier kommt die Fucose nicht terminal vor, wie es in anderen Proteinen der Fall ist, sondern sie ist Teil des Tetrasaccharids Neu5Acα2-3Galβ1-4GlcNAcβ1-3Fucα1-O-Ser/Thr. Es gibt eine zweite, untypische Form der O-Glycosylierung im Notch 1-Protein. Glucose ist β-glycosidisch mit Serin verknüpft und Teil eines Di- oder Trisaccharids. Die Konsensussequenz dafür ist Cys-X-Ser-X-Pro-Cys. Eine weitere untypische, für Hefen aber typische Proteinmodifikation, ist die O-Mannosylierung, bei der die Mannose α-glycosidisch mit Serin oder Threonin verknüpft ist. Das konnte bei Hefeproteinen aus der Zellwand, bei Pilzen und auch im Rattengehirn gezeigt werden (Leitao *et al.*, 2003; Chai *et al.*, 1999). Die O-Mannosylierung ist auch in einer begrenzten

Anzahl von Säuger-Glycoproteinen des Gehirns, der Nerven und der Skelettmuskeln vorhanden (Endo, 2004). Das am besten bekannte O-mannosylierte Säuger-Glycoprotein ist das α-Dystroglycan. Über α-Dystroglycan-Laminin-Verbindungen wird das Cytoskelett von Muskelzellen mit der extrazellulären Matrix verbunden und dient somit der Strukturstabilisierung der Sarkolemma während der Kontraktionszyklen (Michele und Campbell, 2003). Das sialylierte O-mannosylierte Oligosaccharid des α-Dystroglycan (Neu5Acα2-3Galβ1-4GlcNAcβ1-2Manα1-O-Ser/Thr) scheint essentiell für die Interaktionen mit Laminin und anderen extrazellulären Liganden zu sein (Michele und Campbell, 2003; Winder, 2001). Eine veränderte Glycosylierung des α-Dystroglycans, z. B. durch Mutation, und die dadurch gestörte Interaktion der Muskelzelle mit extrazellulären Matrixproteinen (Michele *et al.*, 2002), ist pathologischer Hintergrund einiger kongenitaler Muskeldystrophien, wie z. B. „Fukujama´s congenital muscular dystrophy“ (Hayashi *et al.*, 2001; Kobayashi *et al.*, 1998), „Muscle-Eye-Brain-Disease“ (Yoshida *et al.*, 2001; Michele *et al.*, 2002) oder „Walker-Warburg-Syndrom“ (Michele *et al.*, 2002; Beltran-Valero de Bernabe *et al.*, 2002).

1.3.2. Glycolipide

Auch Lipide können Kohlenhydratketten tragen. Diese Glycolipide sind eine strukturell heterogene Gruppe von Membrankomponenten, kommen auf der äußeren Seite der Plasmamembranen vor und sind in allen Spezies von Bakterien bis zum Menschen zu finden. Sialylierte Glycolipide werden als Ganglioside bezeichnet. Derzeit sind über 60 bekannt. Die höchste Konzentration von Gangliosiden ist in der grauen Hirnsubstanz zu finden (6% des Gesamtlipids). Andere Gewebe enthalten ebenfalls Ganglioside, wenn auch in geringeren Mengen. Sie bestehen aus einer Ceramideinheit mit einer Sphingosinbase und einer als Amid an die 2-Aminogruppe des Sphingosins gebundenen Fettsäure (Abb. 7). Die Oligosaccharide sind an das Ceramid über die C-1-Hydroxylgruppe gebunden (Hakomori, 2000). Die Sialinsäuren der Ganglioside sind nicht nur α2-3- bzw. α2-6-verknüpft, sondern man findet auch Oligosialyleinheiten, bei denen, analog zur Polysialylierung, die Verknüpfung der Sialinsäuren untereinander über α2-8-Bindungen erfolgt.

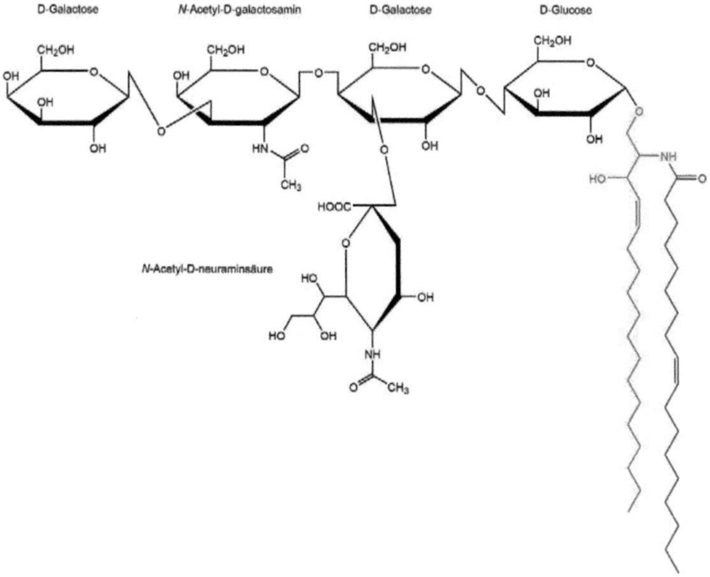

Abbildung 7: Struktur des Gangliosids G_{M1}. Die Aminogruppe des Sphingosins (rot) kann eine Amidbindung mit einer ungesättigten Fettsäure eingehen. Es entsteht ein Ceramid (blau). Durch Veresterung der Hydroxylgruppe in C-1-Position des Ceramids mit Mono- oder Oligosacchariden, die einen Sialinsäurerest enthalten, entstehen Cerebroside bzw. Ganglioside. Die Ganglioside G_{M2} und G_{M3} unterscheiden sich von G_{M1} durch das Fehlen von D-Galactose bzw. D-Galactose und *N*-Acetyl-D-galactosamin.

1.4. Biologische Funktion von Sialinsäuren

Sialinsäuren tragen entscheidend zur Strukturvielfalt von Glycokonjugaten bei. Deshalb können zahlreiche biologische Funktionen mit Sialinsäuren in Verbindung gebracht werden. Durch ihre physikalischen Eigenschaften, wie ihre Ladung und ihre räumliche Ausdehnung, wirken Sialinsäuren direkt auf ihre Umgebung ein. Sialinsäuren können biologisch aktive Strukturen maskieren und so die Erkennung dieser Strukturen verhindern (Kelm und Schauer, 1997). Andererseits kann die Strukturvielfalt der gebundenen Sialinsäuren auch von den entsprechenden Bindungspartnern zur spezifischen Erkennung genutzt werden (Lasky, 1995). Die negative Ladung der Sialinsäuren sorgt für die Abstoßung der Zellen untereinander oder von Zellen und der extrazellulären Matrix

(Shimamura *et al.*, 1994). Im Folgenden sollen die vielfältigen biologischen Funktionen von Sialinsäuren an einigen Beispielen dargestellt werden.

1.4.1. Adhäsion und Zell-Zell-Interaktion

Zell-Zell-Adhäsion und Zell-Matrix-Adhäsion sind elementare Prozesse für die gerichtete Zellwanderung während der Ontogenese, die Gewebeformation während der Organogenese, sowie für Entzündungsreaktionen, malignes Zellwachstum oder Metastasierung. Die terminale Position von Sialinsäuren in Glycokonjugaten und die daraus folgende hohe Exposition auf den Oberflächen von Zellen führt zur Beteiligung dieser Zucker an vielen Adhäsionsvorgängen. Oftmals können Zell-adhäsionsmoleküle ihre Bindungspartner nur an den spezifischen Sialylstrukturen erkennen. Für die Vermittlung dieser Adhäsionsvorgänge sind spezifische sialinsäurebindende Lektine wichtig. Die zwei bekanntesten Familien sind die Selektine und die Siglecs („sialic acid-binding immunglobuline superfamily lectins").

Die Sialinsäuren sind die Schlüsselkomponenten der Selektinliganden. Selektine sind eine Rezeptorfamilie, die auf Leukocyten, Endothelzellen und Thrombocyten exprimiert werden. Sie spielen eine entscheidende Rolle bei Prozessen wie der angeborenen, unspezifischen Immunantwort und Blutgerinnung (Varki, 2007). Sie sind an der Interaktion von Leukocyten mit Endothelzellen beteiligt, indem sie das sogenannte „Rolling", daß die Einwanderung (Migration) der Leukocyten in aktiviertes Gefäßendothel initiiert (Lasky, 1995), vermitteln. Die Selektine werden zum einen konstitutiv auf verschiedenen Typen von Leukocyten (L-Selektin) exprimiert. Zum anderen werden sie nicht konstitutiv auf Endothelzellen (E- und P-Selektin) exprimiert (Abb. 8). Für die Expression ist eine transkriptionelle Induktion durch entzündungsfördernder Stimuli erforderlich (Varki, 2007). Thrombocyten haben in ihren Granula P-Selektin gespeichert (Johnston *et al.*, 1989), welches ebenso aufgrund von verschiedenen Stimulis auf der Zelloberfläche mobilisiert werden kann. Selektine binden calciumabhängig Tetrasaccharidstrukturen vom Typ Sialyl-Lewis^x (Neu5Acα2-3Galβ1-4(Fucα1-3)GlcNAcβ1-3Gal) oder Sialyl-Lewis^a (Neu5Acα2-3 Galβ1-3(Fucα1-4)GlcNAcβ1-3Gal). Für eine optimierte Bindung von L- und P-Selektinen sind zusätzliche sulfatierte Sialyl-Lewis^x-Strukturen nötig (Varki, 2007). Die anschließende Invasion der Leukocyten in das Epithel wird von Integrinen und Molekülen der Immunglobulinsuperfamilie vermittelt. Die Intensität der Adhäsion wird dabei vom

Sialinsäuregehalt der Bindungspartner moduliert, wobei geringer sialylierte Strukturen eine stärkere Adhäsion zur Folge haben (Takeda, 1987).

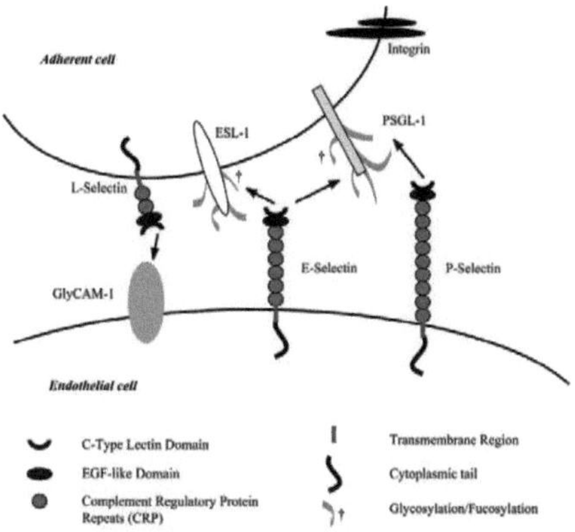

Abbildung 8: Schematische Darstellung der Selektine und ihrer Liganden. Selektine sind eine Rezeptorfamilie, die auf Leukocyten, Endothelzellen und Thrombocyten exprimiert werden. Alle Selektine enthalten eine konservierte Kohlenhydraterkennungsregion.

Selektine spielen eine weniger prominente, aber wichtige Rolle bei der Metastasierung hämatogener Carcinome. Die Sialyl-Lewis^{a}- und Sialyl-Lewis^{x}-Strukturen wurden ursprünglich als Antigene beschrieben (Fukushima *et al.*, 1984). Coloncarcinom- und Melanomzellen exprimieren sie verstärkt auf ihren Zelloberflächen. Die erhöhte Invasivität dieser Tumorzellen ist auf eine gesteigerte selektinvermittelte Adhäsion der Krebszellen zurückzuführen (Kageshita *et al.*, 1995). Untersuchungen zeigen, daß das E-Selektin aktivierter Endothelzellen Carcinomzellen binden kann. Weiterhin imitieren zirkulierende Carcinom-Zellen mit sulfatierten, sialylierten Mucin-Strukturen natürliche Selektin-Liganden, die von L- und P-Selektinen erkannt und gebunden werden (Borsig *et al.*, 2002; Laubli *et al.*, 2006). Dadurch kommt es zu einer Interaktion mit den Leukocyten bzw. Thrombocyten, die ein Überleben und Streuen dieser bösartigen Zellen nach ihrem Eintritt in den Blutstrom erleichtern. Die Zugabe von Heparin, einem L- und P-Selektin-Antagonist, zeigt eine merkliche Abnahme der Metastasierung in Mausmodellen (Zacharski *et al.*, 1998).

Siglecs sind die größte Familie sialinsäurebindender Lektine in Säugetieren. Sequenzanalysen und Strukturanalysen von Siglec-1 und Siglec-7 führten zu einer genauen Beschreibung der Bindung der Sialinsäuren an die terminale Bindungsdomäne der Siglecs (Zaccai *et al.*, 2007). Diese N-terminale Bindungsdomäne hat die Form eines β-Sandwichs, gebildet aus β-Faltblättern und ähnelt strukturell der variablen Domäne von Immunglobulinen (Abb. 9). Die Bindung erfolgt zum einen über die Carboxylgruppe der Sialinsäure, die eine Salzbrücke mit der Guanidingruppierung des Arginin-97 eingeht. Zum anderen gehen die C4-Hydroxylgruppe, sowie die Hydroxylgruppen der C7-C9-Seitenkette Wasserstoff-brückenbindungen mit der Carbonylgruppe des Serin-103 bzw. mit der Amid- und Carbonylgruppe des Leucin-107 ein; das Stickstoffatom der Sialinsäure geht eine Wasserstoffbrückenbindung mit der Carbonylgruppe des Arginin-105 ein. Hydrophobe Interaktionen sind auch zu beobachten.

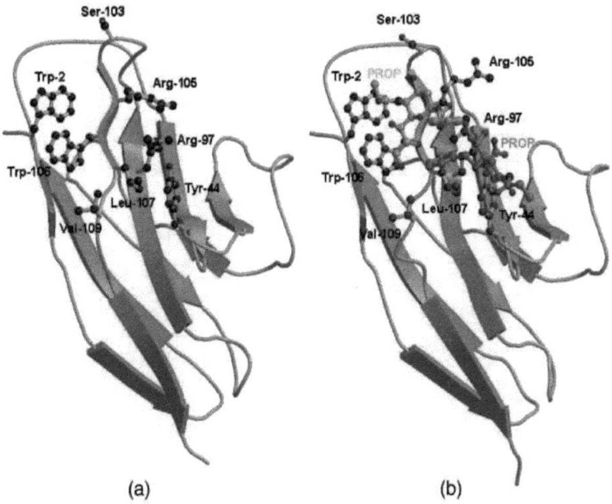

Abbildung 9: N-terminale Bindungsdomäne des Siglec-1 (Sialoadhäsin). (a) Siglec-1 im Komplex mit α2-3-Sialyllactose. (b) Siglec-1 im Komplex mit 2'-Benzyl-Neu5NProp. Die β-Faltblätter sind grün dargestellt. Die an der Bindung der Sialinsäuren beteiligten Seitenketten des Proteins sind grau dargestellt (Zaccai *et al.*, 2007).

Die Siglecs weisen weiterhin eine unterschiedliche Anzahl (1-16) von Domänen, ähnlich der C2-Domäne von Immunglobulinen, einen Transmembranteil und einen cytoplasmatischen Schwanz auf (Abb.10). Man unterteilt die Siglecs in zwei evolutionär unterschiedliche Kategorien: Siglec-1 (Sialoadhäsin), Siglec-2 (CD22), Siglec-4 (Myelin-assoziiertes Glycoprotein; MAG) und das neu entdeckte Siglec-15, welche innerhalb der

Säugetiere konserviert sind (Crocker *et al.*, 2007). Zu der anderen Gruppe gehören die CD33-verwandten Siglecs. Sie weisen im cytoplasmatischen Schwanz ein Tyrosin-basiertes Signalmotiv (ITIM-like) auf. Zu ihren Aufgaben gehören die Regulation von Immunantworten und das Erkennen von Sialinsäure-exprimierenden Pathogenen.
Beim Menschen sind 13 verschiedene Siglecs gefunden worden (Abb. 10), wovon die meisten sich auf den Zellen, die für die angeborene und adaptive Immunantwort verantwortlich sind, befinden. Einige wenige, aber seit längerem bekannte Vertreter sind intensiver untersucht worden: Siglec-1/Sialoadhäsin wird ausschließlich auf Makrophagen exprimiert und reguliert die Interaktion dieser Zellen mit anderen Zellen des Immunsystems über die Bindung α2-3-gebundener Sialinsäuren (Hartnell *et al.*, 2001). Eine Siglec1-defiziente Maus ist lebensfähig, fertil und zeigt keine Entwicklungs-abnormitäten. In der Milz und in den Lymphknoten waren jedoch die cytotoxischen T-Zellen (CD8) leicht erhöht und die B-Lymphocyten (CD45R/B220) leicht erniedrigt (Oetke *et al.*, 2006). Siglec-2 ist ein negativer Modulator der Signaltransduktion des B-Zell-Rezeptors und an der homophilen Interaktion von B-Zellen beteiligt (Poe *et al.*, 2004). Es binden ausschließlich α2-6-gebundene Sialinsäuren (Tedder *et al.*, 1997). Siglec-4 (MAG), das am höchst konservierte Siglec, ist auf Neuroglia-Zellen zu finden und dient der Aufrechterhaltung der Struktur der Myelinscheide (Schachner und Bartsch, 2000). Die Interaktion von MAG mit Gangliosiden ist verantwortlich für die Inhibition des Axonenwachstums im adulten zentralen Nervensystem. Yang *et al.* (2006) beobachteten, daß es nach Verletzungen des ZNS zu Unterbrechungen der Inhibition kommen kann, woraus eine verstärkte Nervenregeneration resultiert.
Das Adhäsionsverhalten eines anderen Zelladhäsionsmoleküls, des NCAM, wird direkt durch Sialinsäuren moduliert. NCAM vermittelt homophile und heterophile Zell-Zell-Interaktionen. In embryonalen Zellen ist ein Großteil der NCAM-Moleküle polysialyliert. Aufgrund ihrer negativen Ladung und ihrer räumlichen Ausdehnung erlauben diese Polysialinsäureketten nur schwache Interaktionen zwischen den Zellen. Im Laufe der Ontogenese verkürzen sich die Polysialinsäureketten, so daß es zu einer verstärkten Adhäsion zwischen den Nervenzellen im adulten Organismus kommt (Brusés und Rutishauser, 2001).

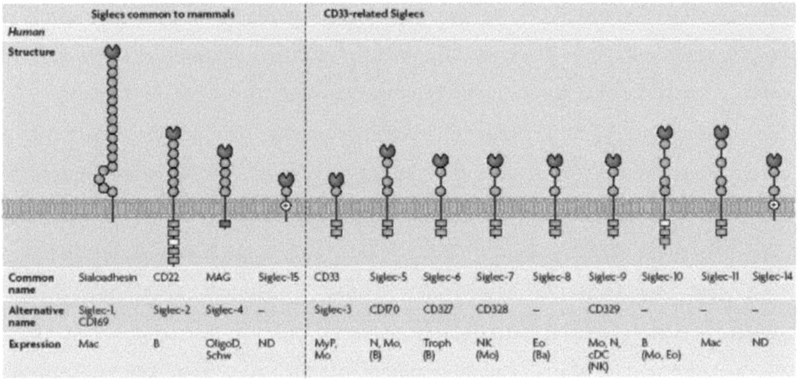

Abbildung 10: Proteinfamilie der humanen Siglecs. Die Siglecs (sialic acid-binding immunglobuline superfamily lectins) sind Typ-1 Membranproteine, die eine N-terminale Immunglobulindomäne besitzen, über die die Erkennung der Sialinsäuren verläuft (nach: Crocker *et al.*, 2007).

Vor kurzem konnte auch gezeigt werden, daß Sialinsäuren bei der Interaktion zwischen Spermatozoen und der Zona pellucida auch hier eine wichtige Rolle spielen (Velásquez *et al.*, 2007). Die Zona pellucida besitzt einen sehr hohen Anteil an Glycoproteinen, bei denen die Oligosaccharidstrukturen terminale α2-3 verknüpfte Sialinsäuren besitzen. Die Entfernung der Sialinsäuren mittels einer Neuraminidase bzw. die Blockierung der Liganden durch das Sialinsäure-spezifische Lektin MAA führten zu keiner Bindung der Spermatozoen an die Zona pellucida und damit zu keinem Eindringen in die Oocyten. Die Zugabe von Neuraminidase-Inhibitoren führte wiederum zu einer Zunahme der Bindung von Spermatozoen an die Zona pellucida und zu einem erhöhten Eindringen in die Oocyten. Velasquez *et al.* (2007) schlußfolgerten, daß es ein sialinsäurebindendes Protein in der Plasmamembran der Spermatozoen geben muß.

1.4.2. Sialinsäuren als Erkennungsdeterminanten für Pathogene

Sialinsäuren werden nicht nur von endogenen Lektinen eines multizellulären Organismus als Bindungspartner auf ihren Zielzellen genutzt, sie sind auch wesentliche Bestandteile hochspezifischer Bindungsrezeptoren für Pathogene, wie Viren, Bakterien und Parasiten, und Toxine. So besitzen Viren Hämagglutinine, sialinsäurebindende Lektine. Das am besten untersuchte Protein dieser Klasse ist das Hämagglutinin des Influenza A-Virus. Über diesen Rezeptor erkennen Influenza A-Viren Neu5Ac-α2-6-Gal-Strukturen (Keppler *et al.*, 1998), Influenza B-Viren erkennen dagegegen Neu5Ac-α2-3-Gal-Strukturen. Eine 9-O-Acetylierung der Neu5Ac verhindert die Bindung von Influenza A und B an ihre Zielzelle (Varki und Varki, 2007). Das Hämagglutinin der Influenza C-Viren erkennt nicht nur spezifisch Neu5,9Ac_2-Strukturen (Zimmer *et al.*, 1994), zusätzlich deacetyliert es die gebundene Sialinsäure des Wirtsorganismus durch eine 9-O-Acetyl-Esteraseaktivität (Herrler *et al.*, 1985).

Versuche mit biochemisch modifizierten *N*-Acetylneuraminsäuren zeigten, daß die Bindung von Viren an ihre Rezeptoren auf der Zelloberfläche beeinflußt werden kann. Das Hämagglutinin des Influenza A-Virus bindet spezifisch die *N*-Acetylgruppe der Sialinsäuren. Durch die modifizierten *N*-Acylseitenketten der Sialinsäuren konnte die Infektion von Zellen mit Influenza A-Viren stark reduziert werden (Keppler *et al.*, 1998). Analog dazu konnte auch die Infektion mit B-lymphotropen Papovaviren (Keppler *et al.*, 1995) und murinen Polyomaviren (Herrmann *et al.*, 1997) reduziert werden. Es scheint also bestimmte synthetische Sialinsäuren zu geben, die die Virus-Rezeptor-Interaktion, etwa durch verstärkte hydrophobe Wechselwirkungen, beeinflussen können. Die modifizierten *N*-Acylseitenketten der Zielzellen hatten auch zur Folge, daß sich die Permissivität der Zellen für den humanen Polyomavirus BK durch die Expression von *N*-Propanoylneuraminsäure und *N*-Butanoylneuraminsäure auf der Zelloberfläche erhöht. Dagegen inhibierten längere Seitenketten die Infektion (Keppler *et al.*, 1995).

Die Spezifität der Influenza-Viren für bestimmte Sialinsäuretypen hängt von der Sialylierung der Wirtszelle, z. B. Mensch, Huhn oder Schwein, ab (Suzuki *et al.*, 2000). Bei räumlicher Nähe zwischen Tieren untereinander kann es zu Kreuzinfektionen von Influenza A-Viren der verschiedenen Wirtsorganismen kommen wie bei dem aktuellen Vogelgrippe-Stamm Influenza H5N1 befürchtet Durch horizontalen Gentransfer innerhalb Wirtszelle kann sich ein neuer Virusstamm entwickeln, der die Eigenschaften Stämme vereint. Diese Viren an die Sialylierung humaner Zellen und so zu saisonalen Epidemien führen (Ito *et al.*, 1998). Der Vogelgrippe-Stamm ist ein hoch pathogener, aviärer Subtyp des Influenza A-Virus (A/H5N1). Er gehört zu der Familie der Orthomyxoviren und damit zu den membranumhüllten Einzel(-)-Strang-RNA-Viren [ss(-)RNA]. Das Virusgenom dieses Subtyps codiert, wie alle anderen Influenzaviren auch, zehn virale Proteine, darunter Hämagglutinin (H) und Neuraminidase (N), sowie Matrix (M)-, Polymerase (P)- und Nichtstrukturproteine (NS). Es wurden bis heute 16 H- und 9 N- Isoformen nachgewiesenA/, die fünfte Isoform des Hämagglutinins (H5) und die erste Isoform der Neuraminidase (N1) auf der Viruszelloberfläche exprimiert. Die Neuraminidase spaltet die endständigen Neu5Ac-Reste von den Oligosaccharidketten der Glycoproteine ab, was die Freisetzung von Tochterviren aus den infizierten Zellen bewirkt.

Obenauer *et al.* (2006) konntenbei größere Maßstab angelegten Sequenzanalyse aviärer Influenzaviren zeigen, daß das C-terminale, variable Ende des Nichtstrukturproteins 1 (NS1) über die eines Infektionsverlaufes entscheidet. Im C-Terminus fanden Obenauer *et al.* (2006) den bis dahin unerkannten PDZ-Domänen-Ligand (PL). Beim Menschen bindet dieser Ligand besonders effektiv die PDZ-Domäne, eine Proteininteraktionsdomäne, die sequenz-spezifisch an kurze C-terminale Peptide bindet. In infizierten Zellen kommt es dann wegen der zu einer en Signaltransduktion, die zu einer Überstimulation des Immunsystems führt und damit zu einer exzessiven Sekretion von Cytokinen, speziell Interleukin-6 (Chan *et al.*, 2005). Dies bewirkt eine Zerstörung des Lungengewebes, einen schweren toxischen Schock und letztendlich Multiorganversagen. Ein Impfstoff gegen Influenza A/H5N1 ist derzeit noch in der Entwicklung. In der Frühphase der Infektion können die wirkungsvollen Neuraminidase-Inhibitoren Relenza® und Tamiflu® eingesetzt werden.

Die sialinsäurebindenden Lektine von pathogenen Bakterien werden Adhäsine genannt und vermitteln die Bindung des Mikroorganismus an die Wirtszelle (Ofek und Sharon, 1990). Die Expression der Adhäsine erfolgt oft stammspezifisch und reguliert so die Infektion definierter Gewebe. *Helicobacter pylori* besitzt zwei Adhäsine, die selektiv an Ganglioside oder Glycoproteine binden (Miller-Podraza *et al.*, 1997). Das Adhäsin von *E. coli* K99 bindet spezifisch Neu5Gc, die besonders stark im Darm von Schweinen, den Wirten von *E. coli* K99, exprimiert ist (Yuyama *et al.*, 1993). In einigen Fällen können auch die Toxine von Mikroorganismen Sialinsäuren binden. So binden die Toxine der Cholera-, Botulinus- und Tetanuserreger an spezifische sialylierte Ganglioside ihrer Wirtszellen und werden anschließend durch rezeptorvermittelte Endocytose aufgenommen (Richards *et al.*, 1979; Schengrund *et al.*, 1991).

1.4.3. Sialinsäuren als Masken antigener Determinanten

Sialinsäuren können antigene Determinanten maskieren und so die Erkennung durch das Immunsystem verhindern. *Trypanosoma cruzi*, der Erreger der Chagaskrankheit, bindet an Sialinsäuren von Glycokonjugaten auf der Oberfläche der Wirtszellen. Die Transsialidase des Erregers, die die Sialidase- und Sialyltransferase-Aktivität in sich vereinigt, transferiert anschließend die wirtseigenen Sialinsäuren auf die Zelloberfläche des Erregers und überdeckt so seine antigenen Strukturen (Colli, 1993; Tomlinson *et al.*, 1994).
Embryonale Zellen sind ebenfalls durch Sialinsäuren geschützt und entgehen so der Interaktion mit dem mütterlichen Immunsystem (Schauer, 1985). Wird die schützende Zona pellucida von Blastocysten entfernt, so werden sie innerhalb kürzester Zeit durch das Komplementsystem erkannt und lysiert. Embryonale Stammzellen (ES-Zellen) weisen nur eine schwache Sialylierung auf. Nach Differenzierung erhöht sich der Sialinsäuregehalt und sie werden unempfindlich gegenüber der Komplement-vermittelten Lyse (Kircheis *et al.*, 1996). Sialinsäuren können aber auch selbst immunologische Reaktionen auslösen, wie einige Blutgruppenantigene, die durch spezifische Sialylstrukturen gekennzeichnet sind und nach Sialidasebehandlung ihre Antigenität verlieren (Pilatte *et al.*, 1993).

1.4.4. Einfluß von Sialinsäuren auf Struktur und Funktion von Glycokonjugaten

Die Präsenz von Sialinsäuren ist wichtig für die biologische Funktion einiger Glycoproteine. So führt die Desialylierung des Somatostatinrezeptors zu einer Konformationsänderung und damit zu einer deutlich schlechteren Ligandenbindung (Rens-Domiano und Reisine, 1991). Die Asialoform des Nukleoporins p62, das den aktiven Proteintransport vom Cytosol in den Zellkern unterstützt, ist weniger aktiv als die Sialoform (Emig *et al.*, 1995). Eine ähnliche Beobachtung wurde für das Hormon Erythropoietin gemacht (Wasley *et al.*, 1991). Erythropoietin ist ein wichtiger Wachstumsfaktor für die Bildung von Erythrocyten während der Hämatopoese. Hierbei beruht die verringerte biologische Aktivität des Asialoproteins allerdings auf einer reduzierten Halblebenszeit im Blut (Egrie und Brown, 2001). Biotechnologisch hergestelltes Erythropoietin wird auch als Therapeutikum verwendet. Die meisten biotechnologisch hergestellten rekombinanten

Proteine sind Glycoproteine, unter denen Erythropoietin eine herausragende Stellung einnimmt. Es wird zum einen bei Patienten eingesetzt, bei denen die Blutbildung oft tumorbedingt gestört ist. Zum anderen ist bei Patienten, die infolge von Nierenversagen auf die Dialyse angewiesen sind, häufig auch die Bildung von Erythropoietin gestört, so daß sie gegen die daraus resultierende Blutarmut behandelt werden müssen. Aggressive Chemotherapiezyklen sind meist ebenfalls mit der Hemmung der Blutzellbildung verknüpft und bedürfen der Erythropoietin-Therapie. Daneben erwarb sich Erythropoietin aufgrund zahlreicher Dopingskandale insbesondere im Radsport den zweifelhaften Ruf als „Radfahrerdroge".

In vielen Fällen schützen Sialinsäuren Proteine vor dem Abbau, vermutlich durch sterische Hinderung proteolytischer Aktivitäten. Der Acetylcholinrezeptor mit Sialinsäuren als Degradationsschutz liefert eines der am besten untersuchten Beispiele (Olden *et al.*, 1982). Die Zirkulationszeit von Blutzellen wird ebenfalls durch deren Gehalt an terminalen Sialinsäuren reguliert. Erythrocyten und Thrombocyten verlieren bei der Alterung ihre sialinsäurehaltigen Strukturen und werden dann von Makrophagen erkannt und phagocytiert (Schlepper-Schäfer *et al.*, 1980; Kluge *et al.*, 1992). Auf welche Weise die Zellen ihre sialinsäurehaltigen Strukuren verlieren, ist bis heute nicht geklärt. Ähnliches nimmt man auch bei Serumglycoproteinen und Antigen-Antikörper-Komplexen an, die nach Verlust ihrer terminalen Sialinsäuren durch den Asialoglycoproteinrezeptor der Leber erkannt, endocytiert und abgebaut werden (Ashwell und Harford, 1982). Neuere Arbeiten deuten aber darauf hin, daß der Asialoglycoproteinrezeptor eher ein Sialoglycoproteinrezeptor ist. Park *et al.* (2005) konnten zeigen, daß BSA, welches eine endständige α2-6-verknüpfte Sialinsäure besitzt, vom Rezeptor relativ schnell gebunden und abgebaut wird. Weiterhin zeigten sie, daß der Rezeptor Oligosaccharide mit der terminalen Sequenz Neu5Acα2-6Galβ1-4GlcNAc bindet, wohingegen Oligosaccharide mit der terminalen Sequenz Neu5Acα2-3Galβ1-4GlcNAc nicht gebunden werden. Daraus kann geschlossen werden, daß Glycoproteine mit terminalen Neu5Acα2-6GalNAc- bzw. Neu5Acα2-6Gal-Resten die endogenen Liganden des Sialoglycoproteinrezeptor sind. Der Rezeptor reguliert auf diesem Wege die Konzentration an Serumglycoproteinen.

Das Gangliosid G_{M3} kann durch seine Sialinsäure direkt die Proliferation von Zellen beeinflussen. G_{M3} hemmt die Tyrosinphosphorylierung des Epidermal-Growth-Factor-

Rezeptors und dadurch das Zellwachstum (Bremer *et al.*, 1986). Durch Deacetylierung der Sialinsäure des G_{M3} wird diese Hemmung aufgehoben (Hanai *et al.*, 1988). Gleichzeitig wird zusätzlich die Serinphosphorylierung des Epidermal-Growth-Factor-Rezeptors gefördert. Deshalb wird das G_{M3} mit deacetylierter Sialinsäure als Second-Messenger bei der Stimulierung des Zellwachstums diskutiert (Zhou *et al.*, 1994).

1.4.5. Sialinsäuren und Carcinome

Zahlreiche Tumore besitzen eine erhöhte Sialinsäurekonzentration auf ihren Oberflächen, was mit einer erhöhten Malignität in Verbindung gebracht wird (Hakomori, 1989; Bhavanandan, 1991). In vielen Fällen kann ein linearer Zusammenhang zwischen dem Metastasierungspotential der Tumore und der Konzentration an exprimierter Sialinsäure beobachtet werden (Fogel *et al.*, 1983; Bresalier *et al.*, 1990; Sawada *et al.*, 1994). Zellen des Wilms-Tumors exprimieren sogar Polysialinsäure auf ihren Zelloberflächen (Roth *et al.*, 1988). Dabei ergibt sich ein interessanter therapeutischer Ansatz. Ein generierter Antikörper gegen Poly-Neu5Prop erkennt nach ManNProp-Behandlung Polysialinsäure-exprimierende Zellen (Liu *et al.*, 2000; Pon *et al.*, 2007). Auf diese Weise könnten gezielt an den Antikörper gekoppelte Anti-Tumor-Agentien zu den Tumorzellen gebracht werden. Sialinsäuren, die an der *N*-Acylseitenkette eine Levulinoylgruppe tragen, können chemoselektiv ebenfalls mit Anti-Tumor-Agentien gekoppelt werden (Lemieux und Bertozzi, 2001). Zwei Anwendungsmöglichkeiten dieser Methode sind die Bindung von Kontrastmitteln an Zielzellen (Lemieux und Bertozzi, 1999) und die Bindung Adenovirus-spezifischer Antikörper auf Zelloberflächen zum verbesserten Gentransfer (Lee *et al.*, 1999).

Viele Krebszellen maskieren ihre antigenen Determinanten mit Sialinsäuren, ähnlich wie zahlreiche Pathogene, und entziehen sich so der immunologischen Überwachung (Dennis und Laferte, 1985). Erst nach Entfernung der Sialinsäuren durch Sialidasebehandlung können sie von natürlichen Killerzellen erkannt und lysiert werden (Ahrens und Ankel, 1987). Auch bei Gangliosiden können maligne Transformationen den Gehalt der gebundenen Sialinsäuren quantitativ und qualitativ stark verändern. Die Ganglioside G_{D2} und G_{D3} in Melanomen enthalten deutlich höhere Anteile an $Neu5,9Ac_2$ (Thurin *et al.*, 1985; Sjoberg *et al.*, 1992). In Darm- und Lungencarcinomen ist vermehrt Neu5Gc im Gangliosid G_{M3} vorhanden (Higashi, 1990). Bestimmte Typen von Gangliosiden, die von

Tumorzellen exprimiert werden, insbesondere solche, die viel Sialinsäuren tragen, haben einen hemmenden Effekt auf die Proliferation von Zellen der Immunantwort. Dieser Aspekt ist hinsichtlich der immunsuppressiven Wirkung von Krebszellen bemerkenswert (Marcus, 1984). Auf der anderen Seite führt, wie bereits beschrieben, eine Deacetylierung von Sialinsäuren des G_{M3} zu einer Proliferationssteigerung (Hanai *et al.*, 1988).

In vielen Tumorarten konnte ein erhöhter Gesamtsialinsäuregehalt und/oder lipidgebundener Sialinsäuregehalt nachgewiesen werden (Sillanaukee *et al.*, 1999). Die differentielle Sialylierung wird von der Tumordiagnostik genutzt, indem sie tumorspezifische Sialylstrukturen als Marker verwendet (Bhavanandan, 1991; Dreyfuss *et al.*, 1992; David *et al.*, 1993; Yamashita *et al.*, 1995). Beispielsweise ist Neu5,9Ac_2 ein Tumormarker für Hautkrebs (Fahr und Schauer, 2001). Darüber hinaus wird auch der Serumspiegel von Sialinsäuren zur Verlaufskontrolle während der Tumorprogression genutzt (Fischer und Egg, 1990). Auch verschiedene Glycoproteine des Serums, deren Expression bei bestimmten Tumoren erhöht ist, sind diagnostisch wertvoll.

1.5. Aminozuckerstoffwechsel

1.5.1. Biosynthese von UDP-GlcNAc

Für die Synthese von Glycokonjugaten ist ein intakter Aminozuckerstoffwechsel notwendig. Eine zentrale Rolle fällt dabei dem UDP-*N*-Acetylglucosamin (UDP-GlcNAc) zu. UDP-GlcNAc ist nicht nur wichtig für die Synthese der Oligo-saccharidketten von N-Glycanen, O-Glycanen und Glycolipiden, sondern wird auch für die Herstellung von Proteoglycanen und GPI-Ankern verwendet. Auch für die Modifikation von cytosolischen Proteinen und Kernproteinen mit O-GlcNAc, einer regulatorischen Modifikation ähnlich der Phosphorylierung, wird UDP-GlcNAc als Donor benutzt (Wells und Hart, 2003). Aus UDP-GlcNAc wird außerdem UDP-GalNAc gebildet, ein weiterer Nucleotidzucker für die Synthese von Glycokonjugaten. Schließlich ist UDP-GlcNAc essentielles Ausgangssubstrat für die Biosynthese von Sialinsäuren.

Die *de novo*-Biosynthese von UDP-GlcNAc zweigt am Fructose-6-Phosphat von der Glycolyse ab. Aus Fructose-6-Phosphat wird in vier enzymatischen Schritten UDP-GlcNAc gebildet (Abb. 11). Das Schlüsselenzym der UDP-GlcNAc-Biosynthese ist die Glutamin-Fructose-6-Phosphat-Aminotransferase (EC 2.6.1.16). Sie katalysiert die Aminierung von

Fructose-6-Phosphat am C-2 mittels Glutamin und leitet die Abzweigung des Aminozuckerstoffwechsels von der Glycolyse ein. Der zweite Schritt wird durch die Glucosamin-6-Phosphat-*N*-Acetyltransferase (EC 2.3.1.4) katalysiert. Sie acetyliert Glucosamin-6-Phosphat an der Aminogruppe durch Acetyl-CoA. Anschließend wird das entstandene GlcNAc-6-Phosphat reversibel von der GlcNAc-Phosphat-Mutase (EC 2.7.5.2) in GlcNAc-1-Phosphat umgewandelt. Der letzte Schritt auf dem Weg zum UDP-GlcNAc ist die Kondensation von GlcNAc-1-Phosphat und UTP unter Abspaltung von Pyrophosphat. Diese Reaktion wird durch die UDP-GlcNAc-Pyrophosphorylase (EC 2.7.7.23) katalysiert.

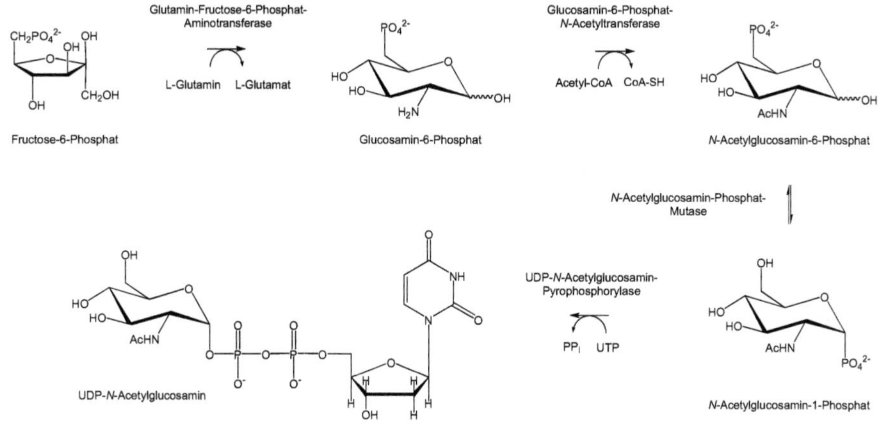

Abbildung 11: Biosynthese von UDP-GlcNAc in Säugetierzellen. Fructose-6-Phosphat ist der Ausgangspunkt für die Biosynthese der Aminozucker Glucosamin, GlcNAc, ManNAc und Neu5Ac.

1.5.2. Biosynthese von Sialinsäuren

CMP-Neu5Ac ist das Vorläufermolekül für die Biosynthese aller Sialinsäuren. Es wird in fünf enzymatischen Schritten aus UDP-GlcNAc gebildet (Abb. 12). Die ersten beiden Schritte der Sialinsäurebiosynthese, die irreversible Epimerisierung in C-2-Position von UDP-GlcNAc zu ManNAc und die anschließende Phosphorylierung in C-6-Position, werden von dem bifunktionellen Enzym UDP-GlcNAc-2-Epimerase/ ManNAc-Kinase, (GNE, EC 5.1.3.14/2.7.1.60) katalysiert (Hinderlich *et al.*, 1997; Stäsche *et al.*, 1997). Das entstandene ManNAc-6-Phosphat reagiert anschließend in einer Aldolkondensation mit dem Enolation, das aus Phosphoe*nol*pyruvat nach Phosphatabspaltung entsteht, zu Neu5Ac-9-Phosphat. Diese Reaktion wird durch die Neu5Ac-9-Phosphat-Synthase (E.C. 4.1.3.20) katalysiert. Bevor der aktivierte Nucleotidzucker der Sialinsäure, CMP-Neu5Ac, gebildet werden kann, muß die Phosphatgruppe von Neu5Ac-9-Phosphat durch die erst kürzlich identifizierte Neu5Ac-9-Phosphat-Phosphatase (E.C. 3.1.3.29) abgespalten werden (Maliekal *et al.*, 2006). Im letzten Schritt der Sialinsäurebiosynthese wird über die CMP-Neu5Ac-Synthetase (CSAS; E.C. 2.7.7.43) Neu5Ac unter Abspaltung von Pyrophosphat durch CTP aktiviert, wobei CMP-Neu5Ac entsteht. Im Gegensatz zu den anderen Enzymen der *de novo*-Biosynthese von CMP-Neu5Ac, die alle im Cytosol zu finden sind, ist die CSAS im Zellkern lokalisiert (Kean, 1969; Kean, 1970). Bei *Drosophila melanogaster* wiederum ist die CSAS im Golgi-Kompartiment lokalisiert. Wird die N-terminale Signalsequenz des humanen Proteins auf das *Drosophila*-Protein übertragen, so wird die chimäre CSAS in den Kern transportiert, was mit einem totalen Verlust der Enzymaktivität einhergeht (Viswanathan *et al.*, 2006). Die Lokalisierung der CSAS-Orthologen in verschiedenen intrazellulären Komparti-menten innerhalb der Eukaryonten ist eines der wenigen Beispiele für Protein-Targeting und macht die divergente Evolution des Sialinsäurestoffwechsels deutlich. Obwohl die Kernlokalisation der humanen CSAS lange bekannt ist, ist die Funktion von CMP-Neu5Ac im Kern noch unklar.

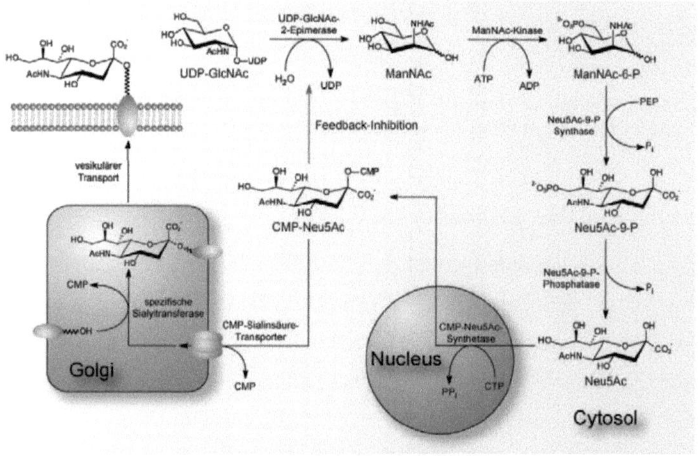

Abbildung 12: Sialinsäurebiosynthese in Säugetierzellen.

Nach der Aktivierung der Neu5Ac im Zellkern wird CMP-Neu5Ac durch die Kernporen hindurch in das Cytosol freigesetzt. Durch einen Antiport von CMP und CMP-Neu5Ac gelangt der Nucleotidzucker in den Golgi-Apparat (Eckardt *et al.*, 1996). Im *trans*-Golgi-Netzwerk wird Neu5Ac durch zahlreiche spezifische Sialyltransferasen unter Abspaltung von CMP auf Oligosaccharidketten von N-Glycanen, O-Glycanen oder auch Glycolipiden übertragen (Harduin-Lepers *et al.*, 1995). Die fertig prozessierten Proteine und Lipide werden anschließend von speziellen Transfervesikeln zu ihren Bestimmungsorten gebracht.

1.6. Das Schlüsselenzym der Sialinsäurebiosynthese

Die UDP-GlcNAc-2-Epimerase/ManNAc-Kinase (GNE) ist ein bifunktionelles Enzym und katalysiert die ersten beiden Schritte der Sialinsäurebiosynthese. Die Enzymaktivitäten wurden früher unabhängig voneinander beschrieben. Die UDP-GlcNAc-2-Epimerase wurde von Cardini und Leloir (1957) entdeckt, die von ihr katalysierte Reaktion von Comb und Roseman (1958) erstmals korrekt beschrieben. Die ManNAc-Kinase wurde unabhängig von Gosh und Roseman (1961) bzw. Warren und Felsenfeld (1961) nachgewiesen. Später konnte gezeigt werden, daß sowohl die subzelluläre Lokalisation als auch die Gewebeverteilung der beiden Enzyme identisch ist (Van Rinsum *et al.*, 1983). Die Expression der beiden Enzymaktivitäten auf einem Polypeptid und die damit verbundene Bifunktionalität konnte 1997 in unserer Arbeitsgruppe nachgewiesen werden (Hinderlich *et al.*, 1997; Stäsche *et al.*, 1997).

Trotz ihrer Bedeutung für den Stoffwechsel der Sialinsäuren konnten die UDP-GlcNAc-2-Epimerase (Spivak und Roseman, 1966; Sommar und Ellis, 1972a; Kikuchi und Tsuiki, 1973) bzw. ManNAc-Kinase (Kundig *et al.*, 1966) lange Zeit aus verschiedenen Quellen nur partiell angereichert werden und verhielten sich instabil. Erst 1997 gelang es, eine stabile und homogene Fraktion aus Rattenleber zu gewinnen. Dieses Enzym wurde sowohl als Hexamer als auch als Dimer aus 75 kDa-Untereinheiten mit unterschiedlichen Enzymaktivitäten beschrieben (Hinderlich *et al.*, 1997). Kornfeld *et al.* (1964) zeigten, daß dieses Enzym außerdem einer strengen Feedback-Inhibierung durch CMP-Neu5Ac unterliegt (Abb. 12). Bei einer CMP-Neu5Ac-Konzentration von 60 µM zeigt das Enzym keine Aktivität mehr. Zusätzlich wird das Enzym durch die Proteinkinase C phosphoryliert, was zu einem Anstieg der Epimerase-Aktivität führt (Horstkorte *et al.*, 2000). Die komplexe

Regulation durch verschiedene Mechanismen, wie es für die UDP-GlcNAc-2-Epimerase gezeigt wurde, ist typisch für das Schlüsselenzym eines Stoffwechselweges. Damit kommt der UDP-GlcNAc-2-Epimerase die zentrale regulatorische Rolle für die Sialinsäure-Biosynthese zu. Die Aktivität der ManNAc-Kinase unterliegt keinen besonderen Regulationsmechanismen.

Die Expression der GNE ist ebenfalls reguliert. So weist Hepatomgewebe im Vergleich zu normalem Lebergewebe eine um mehr als 90% verringerte Expressionsrate auf (Reutter *et al.*, 1970; Kikuchi *et al.*, 1971; Harms *et al.*, 1973). Dies ist wahrscheinlich auf die geringere Sekretion von Serumglycoproteinen im Hepatomgewebe und damit einen geringeren Bedarf an Neu5Ac zurückzuführen. Die GNE-Expression wird ebenso ontogenetisch reguliert. Während fötale Leber von Ratte (Kikuchi *et al.*, 1971) und Meerschweinchen (Gal *et al.*, 1997) eine relativ geringe Expression des Proteins aufweist, steigt diese kontinuierlich während der frühen Entwicklungsphase, erreicht etwa zwei Wochen nach der Geburt einen Höhepunkt und pendelt sich dann auf ein etwas niedrigeres Niveau ein. Die essentielle Stellung dieses bifunktionellen Enzyms für die Ontogenese wird durch das frühe Absterben GNE-defizienter Mäuseembryonen unterstrichen (Schwarzkopf *et al.*, 2002). Wird die GNE durch gezielte Mutagenese in der Maus ausgeschaltet, sterben die Embryonen spätestens am Tag 8,5 der Embryonalentwicklung. Diese Ergebnisse zeigen, daß die Sialinsäuren für die Embryonalentwicklung essentiell sind. Die Expression der GNE wird wahrscheinlich auch epigenetisch durch DNA-Methylierung reguliert (Oetke *et al.*, 2003; Giordanengo *et al.*, 2004).

Die zentrale Rolle der GNE für die Regulation der Sialylierung von Glycoproteinen und Glycolipiden der Plasmamembran konnte durch Arbeiten an hämatopoietischen Zelllinien gezeigt werden, die keine Expression des Enzyms mehr aufwiesen (Keppler *et al.*, 1999). Solche Zellen sind nicht mehr in der Lage, eigenständig Sialinsäuren zu bilden, und weisen zahlreiche funktionelle Defekte auf, so etwa die fehlende homophile Interaktion des Siglec-2, die Interaktion des P-Selektins mit seinen Liganden (Keppler *et al.*, 1999) oder auch die Reduktion der Zell-Matrix-Interaktion (Suzuki *et al.*, 2002).

Die GNE wurde bisher aus Ratte (Stäsche *et al.*, 1997), Maus (Horstkorte *et al.*, 1999) und Mensch (Lucka *et al.*, 1999) kloniert. Sequenzvergleiche mit Zuckerkinasen bzw. bakteriellen UDP-GlcNAc-2-Epimerasen legen zwei funktionelle Domänen nahe, eine N-

terminale Epimerase- und eine C-terminale Kinasedomäne. Punktmutationen konservierter Aminosäuren führen zu einem selektiven Verlust der Enzymaktivität der jeweils betroffenen Domäne, ohne die Aktivität der anderen Domäne zu beeinflussen (Effertz *et al.*, 1999). Um die Funktion der GNE näher zu untersuchen, wurden in weiteren Arbeiten Deletionsmutanten generiert (Blume *et al.*, 2004a). Die N-terminale Deletion von lediglich 39 Aminosäuren führte zu einem kompletten Verlust der Epimeraseaktivität. Deletionen am C-terminalen Ende resultierten, abhängig von der Größe der Deletion, in einer Reduktion oder ebenso zu einem Verlust der Kinaseaktivität. Die Ergebnisse zeigten, daß zwischen Struktur des bifunktionalen Enzyms, der Quartärstruktur und der Epimerase- bzw. Kinaseaktivität ein sehr enger Zusammenhang besteht.
Der Reaktionsmechanismus der UDP-GlcNAc-2-Epimerase ist relativ gut untersucht (Tanner, 2002) und beginnt mit der E1-ähnlichen Reaktion von UDP-GlcNAc zum intermediären Zwischenprodukt 2-Acetamidoglucal. Dies erfolgt in einer *anti*-Eliminierung von UDP und des nicht-aziden Protons am C-2. Die Elimination des Protons am C-2 wird durch eine Base stark begünstigt. Die Existenz von 2-Acetamidoglucal wurde bereits 1972 postuliert und von Sommar und Ellis (1972) im Urin von Sialurie-Patienten nachgewiesen. Im zweiten Schritt wird das Intermediat 2-Acetamidoglucal durch säurekatalysierte *syn*-Addition von Wasser zu ManNAc umgesetzt. Die UDP-GlcNAc-2-Epimerase benötigt im Gegensatz zu anderen Epimerasen, z. B. der UDP-GalNAc-4-Epimerase, für ihre katalytische Aktivität keinen Cofaktor. Kürzlich konnte durch Sättigungstransferdifferenz-NMR-Untersuchungen das Bindungsepitop des Substrates UDP-GlcNAc identifiziert werden (Blume *et al.*, 2004b). Der UDP-Teil liegt näher an der Proteinoberfläche als der Aminozucker. Desweiteren bindet das Produkt der Epimerase-Reaktion, UDP, besser an die GNE als das Substrat UDP-GlcNAc, was auf eine kompetitive Inhibition der Enzymaktivität hindeutet.
Der Reaktionsmechanismus der ManNAc-Kinase ist bislang nicht untersucht worden, jedoch geht man von einem den homologen Zuckerkinasen ähnlichen Mechanismus aus. Die Übertragung des γ-Phosphats vom ATP auf die Hydroxylgruppe am C-6 des Zuckers findet über einen trigonal-bipyramidalen Zwischenzustand statt und verursacht dadurch eine Inversion der Konfiguration am Phosphat (Lowe und Potter, 1981; Pollard-Knight *et al.*, 1982).

1.7. GNE-Isoformen

Unter Isoformen oder Isotypen versteht man, daß in denselben oder auch verschiedenen Geweben unterschiedliche Formen desselben Proteins bzw. Enzyms existieren. Sie katalysieren dieselbe Reaktion, unterscheiden sich aber in ihrer Aminosäuresequenz, ihrer unterschiedlichen Aktivität und ihrer Sensitivität gegenüber Effektoren. Eine ganze Reihe von Enzymen liegt in einer Vielzahl von Isoformen vor, wobei die Gründe dafür weniger klar sind. Isoformen eines einzigen Enzyms können nachhaltig den Stoffwechselcharakter von Zellen prägen und zu ihrer Vielfalt und funktionellen Spezialisierung beitragen. Isoformen können unterschiedlichen Ursprungs sein. Sie können zum einen von unterschiedlichen Genen bzw. Chromosomen codiert sein. Zu nennen wäre hier das Beispiel der Hexokinasen. Die Hexokinasen kommen in vier Isoformen vor, wobei die Hexokinasen I - III gewebsspezifisch und die Hexokinase IV, auch bekannt als Glucokinase, spezifisch in Hepatocyten und den β-Zellen der Langerhans-Inseln des Pankreas exprimiert werden. Oftmals sind aber auch RNA-Spleißvarianten für Isoformen verantwortlich. Für die Hexokinase I gibt es fünf verschiedene RNA-Spleißvarianten (http://www.ncbi.nlm.nih.gov/entrez/viewer.fcgi?db=nuccore&id=159 91828).

Das ursprünglich beschriebene GNE-Gen besteht aus 13 Exons. Watts *et al.* (2003) identifizierten ein weiteres 5'-Exon (89 bp), daß sie Exon A1 nannten. Bei Untersuchungen von humanen GNE-Transkripten konnten sie vier verschiedene Spleißvarianten entdecken (Abb. 13). Spleißvariante I setzt sich aus den Exons 1-13 zusammen, während bei Spleißvariante IV das Exon 1 fehlt. Bei den Spleißvarianten II und III ist das Exon A1 mit dem Exon 2 bzw. dem Exon 3 fusioniert. Kürzlich wurde in verschiedenen Geweben (Skelettmuskel, Plazenta, Gehirn und Herzmuskel) die Expression einer weiteren Spleißvariante entdeckt, bei der das Exon 4 fehlt (Tomimitsu *et al.*, 2004).

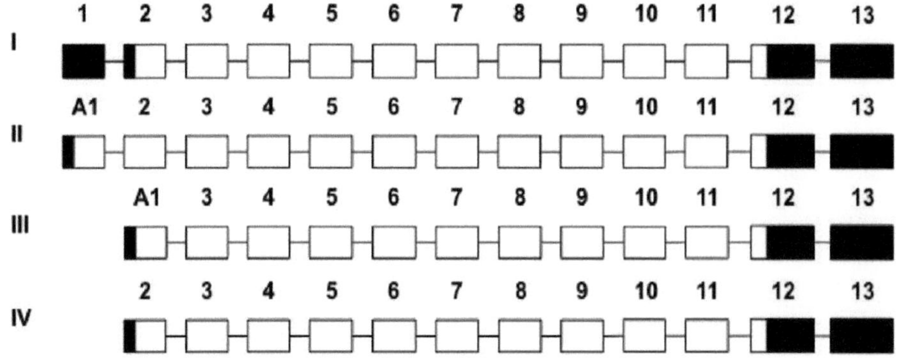

Abbildung 13: Schematische Darstellung der humanen GNE-Exonstruktur der GNE-Spleißvarianten nach Watts *et al.* (2003). Weiße Boxen stellen die codierenden Regionen dar, schwarze Boxen die nicht-codierenden Regionen.

1.8. Pathobiochemie der GNE

1.8.1. Sialurie

Sialurie ist eine sehr seltene Stoffwechselkrankheit, die durch große Mengen (mehrere Gramm pro Tag) freier Neu5Ac im Urin charakterisiert ist. Die Patienten leiden an Entwicklungsstörungen und Lebervergrößerung (Ferreira *et al.*, 1999; Enns *et al.*, 2001). Die molekulare Ursache der Sialurie ist ein Defekt der Feedback-Inhibition der UDP-GlcNAc-2-Epimerase durch CMP-Neu5Ac mit der Folge einer unkontrollierten Produktion von Neu5Ac (Weiss *et al.*, 1989; Seppala *et al.*, 1991). Die bisher untersuchten Patienten weisen Punktmutationen von Arginin-263 bzw. Arginin-266 (Abb. 16) in der GNE auf (Seppala *et al.*, 1999). Die Mutationen treten heterozygot auf, der Gendefekt ist daher dominant (Leroy *et al.*, 2001). Neben den Mutationen in den Sialurie-Patienten fanden Yarema *et al.* (2001) Punktmutationen weiterer sieben Aminosäuren der GNE in Subklonen von Jurkat-Zellen, die ebenfalls den Sialurie-Phänotyp aufwiesen. Diese Mutationen legen die Lokalisation der CMP-Neu5Ac-Bindungsstelle zwischen den Aminosäuren 249 und 275 nahe.

1.8.2. Erbliche Einschlußkörperchenmyopathie

Zwischen der Skelettmuskulatur, dem Bindegewebe und dem Nervensystem bestehen enge morphologische und funktionelle Beziehungen. Krankheiten, die primär die Skelettmuskulatur befallen, werden als Muskeldystrophien oder Myopathien bezeichnet. Die Erregungsübertragung von einer motorischen Nervenfaser auf die quergestreifte Skelettmuskulatur erfolgt an einer besonders differenzierten Kontaktstelle, der motorischen Endplatte. Muskelerkrankungen, die durch eine Schädigung der den Muskel versorgenden motorischen Nervenzellen entstehen, werden als neurogene oder neuromuskuläre Muskelatrophien bezeichnet. Ihre Klassifikation wird nach genetischen, klinischen und morphologischen Kriterien durchgeführt. Myopathien sind zum einen genetisch determinierte (hereditäre), progressiv verlaufende, zum anderen erworbene Systemerkrankungen der Muskulatur (Abb. 14). Die erworbenen Myopathien können verschiedene Ursachen haben. Entzündliche Myopathien (Myositiden) können autoimmunologische (immunogene) Gründe haben. Klinisch-morphologisch zählt man zu den Autoimmun-Myositiden die Polymyositis, Dermatomyositis und die Einschlußkörperchenmyositis (IBM). Myositiden können auch erblich bedingt sein.

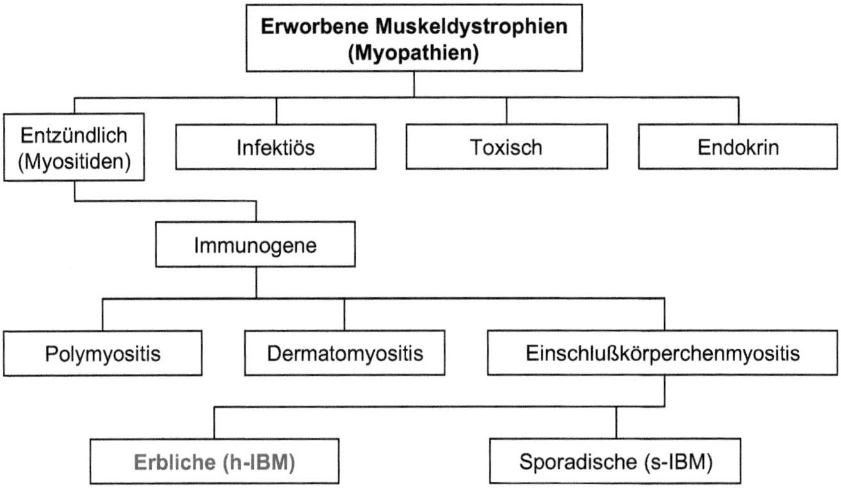

Abbildung 14: Klassifikation der wichtigsten Muskelkrankheiten. Die erbliche Einschlußkörperchenmyopathie (h-IBM) gehört zu den immunogenen Myositiden (nach: Classen, M., Diehl, V., Kochsiek, K.; Innere Medizin; 1994; 3. Auflage).

Ausgehend von der Einschlußkörperchenmyositis, die erstmals 1971 erwähnt (Yunis und Samaha) und 1978 als Krankheitsbild beschrieben wurde (Carpenter *et al.*), unterscheidet man eine erbliche (hereditäre Inclusion-Body-Myopathie, h-IBM) und eine sporadische (s-IBM) Krankheitsform, die aufgrund einiger gemeinsamer histologischer Merkmale unter einem Krankheitsbegriff zusammengefaßt werden. Die h-IBM faßt eine heterogene Gruppe vakuolärer Myopathien zusammen, die rezessiv oder dominant vererbt werden. Leitsymptom der h-IBM-Patienten ist eine langsam fortschreitende zunächst distale, dann auch proximale Muskelschwäche, die in asymmetrischer Anordnung auftritt. Mit dem Fortschreiten der Erkrankung breiten sich atrophische Muskelveränderungen und damit die Muskelschwäche auf Arme und Beine aus (Argov und Yarom, 1984). Charakteristischerweise ist der M. quadriceps auch im fortgeschrittenem Krankheitsstadium zumeist von diesen makroskopischen Veränderungen ausgenommen. Im Gegensatz zu anderen Myopathien treten bei h-IBM typischerweise keine Hautveränderungen, Myokardschädigungen oder Myalgien auf (Müller-Felber, 2003). Patienten klagen vielmehr über ein schmerzloses Schwächegefühl der Skelettmuskulatur. Histologisches Merkmal der Einschlußkörperchenmyositis sind Muskelfasern mit „rimmed vacuoles" und eosinophilen, cytoplasmatischen Einschlüssen (Abb. 15). Diese enthalten Proteine, wie Ubiquitin, ß-Amyloid-Protein- und Vorläuferprotein, Apolipoprotein E, α-1-Antichymotrypsin, Presenilin-1, hyperphosphoryliertes Tau und Prionprotein (Askanas und Engel, 1995; Askanas *et al.*, 1998), die sich auch in neurodegenerativen Erkrankungen wie Morbus Alzheimer finden lassen. Ultrastrukturelle Untersuchungen zeigten filamentäre Einschlüsse („inclusion bodies") von 15-18 nm Länge im Zellkern und im Cytoplasma (Nonaka *et al.*, 1999), die der Krankheit ihren Namen gaben (Abb. 15). Lotz *et al.* (1989) konnten die „rimmed vacuoles", die vor allem in atrophischen Muskelfasern vorkommen, als autophagische Vakuolen identifizieren.

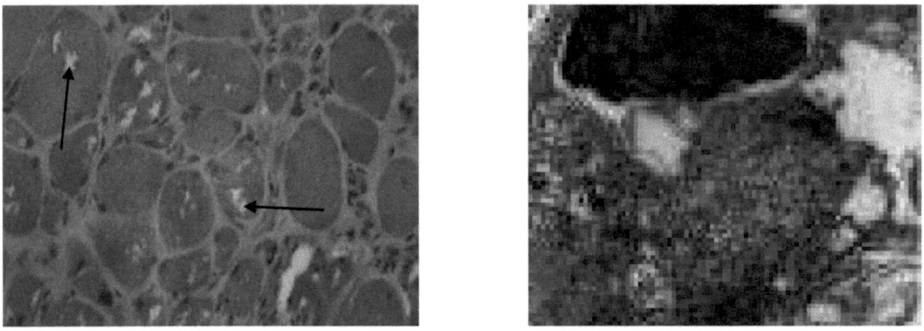

Abbildung 15: Links: Muskelquerschnitt eines h-IBM-Patienten, mit „rimmed vacuoles" und hyper- bzw. atrophischen Muskelfasern. **Rechts: Elektronenmikroskopische Aufnahme der „inclusion bodies".** Diese filamentären Einschlüsse befinden sich in Zellkern und Cytoplasma. Sie sind 15 -18 nm lang.

Der h-IBM-Prototyp, die sogenannte „quadriceps sparing"-Variante, wird autosomal rezessiv vererbt und wurde bereits 1984 bei persischen Juden beschrieben (Argov und Yarom, 1984). Das verantwortliche Gen wurde 1997 zunächst zu Chromosom 9p1-q1 kartiert (Argov *et al.*, 1997) und konnte 1999 auf Chromosom 9p12-13 lokalisiert werden (Eisenberg *et al.*, 1999). Mit Hilfe von Sequenzanalysen wurden Punktmutationen des GNE-Gens als krankheitsverursachend identifiziert (Eisenberg *et al.*, 2001). Die bis heute mehr als 40 weltweit ermittelten Mutationen in h-IBM-Patienten verteilen sich über das gesamte Protein (Abb. 16). Es sind sowohl Epimerase- als auch Kinasedomäne des bifunktionellen Enzyms betroffen (Eisenberg *et al.*, 2003). Neben einfachen Punktmutationen wurden auch Rasterschub- und Deletationsmutationen gefunden, die allerdings nur heterozygot vorkommen (Nishino *et al.*, 2002). Sowohl rekombinant exprimierte Proteine der h-IBM-Mutanten (Noguchi *et al.*, 2004; Hinderlich *et al.*, 2004) als auch Muskelzellen von h-IBM-Patienten (Salama *et al.*, 2005) zeigen eine verringerte Enzymaktivität. Dies hat zur Folge, daß betroffene Zellen partiell hyposialyliert sein können (Noguchi *et al.*, 2004; Huizing *et al.*, 2004). Bis heute ist jedoch unklar, ob der Pathomechanismus in direktem Zusammenhang mit der Biosynthese der Sialinsäuren oder mit einer der zahlreichen biologischen Funktionen der Sialinsäuren steht.

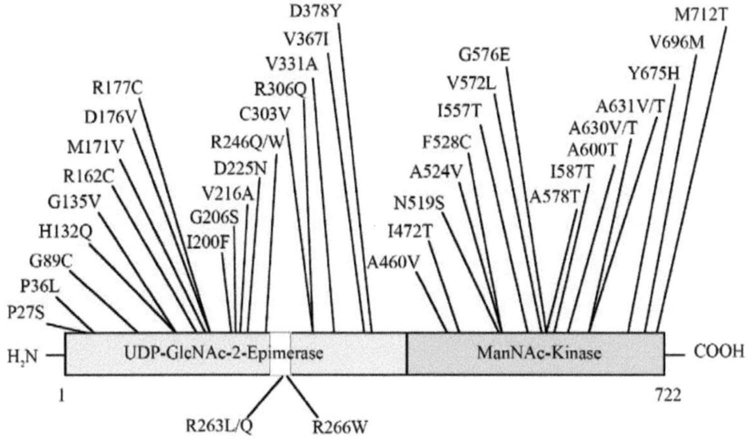

Abbildung 16: Schematische Darstellung der Lokalisation der h-IBM- (oben) und Sialurie- (unten) Punktmutanten im GNE-Gen. Die Epimerase-Domäne ist hellgrau, die Kinase Domäne dunkelgrau und die postulierte CMP-Neu5Ac-Bindungstasche weiß unterlegt.

Da die gefundenen Mutationen im GNE-Gen keine eindeutige Erklärung für die Pathogenese von h-IBM geben, werden auch andere Mechanismen der Krankheitsentstehung in Betracht gezogen. Eine Hypothese geht davon aus, daß durch das charakteristische Auftreten der „rimmed vacuoles" ein Defekt im Proteinabbauweg besteht. Bei einer der h-IBM phänotypisch ähnlichen Erkrankung, der „inclusion body myopathy with Paget Disease of bones and frontotemporal dementia" (IBMPFD), wurden sechs Mutationen im Gen des Valosin-Containing-Proteins (VCP) identifiziert und als krankheitsverursachend angesehen (Watts *et al.*, 2004). Die auch bei dieser Erkrankung auftretenden „rimmed vacuoles" und „inclusion bodies" werden auf den Defekt des VCP-Proteins zurückgeführt, welches zu unlöslichen Proteinaggregaten und letztlich zum Tod der Zelle führt. Bisher ist noch ungeklärt, ob VCP auch im Zusammenhang mit der h-IBM-Erkrankung steht. Weitere Untersuchungen führen zu der Annahme, daß eine Fehlregulation zwischen GNE und potentiellen Interaktionspartnern vorliegen könnte. Two-Hybrid-Screenings ergaben, daß vier Proteine, das promyelozytische Leukämie Zinkfinger-Protein (PLZF), das Collapsin-Response-Mediator-Protein 1, der Receptor-Interacting-Factor 1 (Weidemann *et al.*, 2006) und das Oxidation Resistance-Protein 1 (Oxr 1; Stella

Mitrani-Rosenbaum, persönliche Mitteilung), mit der GNE interagieren. Bei dem PLZF handelt es sich um einen Transkriptionsfaktor sowie um ein Adapterprotein für einen Subtyp von E3-Ligasen (Martin *et al.*, 2003). Dieses Protein ist somit am Proteinabbau über den Ubiquitin-Proteasom-Weg beteiligt und könnte wie VCP daher in einem Zusammenhang mit dem pathologischen Mechanismus der h-IBM stehen.

II Zielsetzung der Arbeit

Die UDP-*N*-Acetylglucosamin-2-epimerase/*N*-Acetylmannosaminkinase (GNE) setzt das Substrat UDP-GlcNAc zu ManNAc um und phosphoryliert es anschließend an der C-6-Position. Da dieser Schritt irreversibel und geschwindigkeitsbestimmend ist, ist die GNE das Schlüsselenzym der Sialinsäurebiosynthese. Punktmutationen im GNE-Gen führen zu den Krankheiten Sialurie bzw. erblicher Inclusion-Body-Myopathie (h-IBM). Im Rahmen dieser Arbeit sollen die humanen und murinen GNE-Isoformen auf der Basis neu entdeckter Spleißvarianten definiert werden. Sie sollen kloniert und über das BAC-TO-BAC®-Baculovirus-System in Insektenzellen exprimiert werden. Die genaue biochemische Charakterisierung der einzelnen Proteine ist ein weiteres Ziel dieser Arbeit. Zunächst sollen Enzymaktivitäten sowie Enzymkinetiken bestimmt und die Quartärstruktur der einzelnen Isoformen definiert werden. Ferner soll der Zusammenhang zwischen Enzymaktivität und Quartärstruktur genauer untersucht werden. Schließlich sollen die spezifischen Gewebsverteilungen der Proteine bestimmt werden.
Der Pathomechanismus der h-IBM ist bis heute nicht geklärt. Es besteht wahrscheinlich kein singulärer Zusammenhang zwischen einer eingeschränkten enzymatischen Funktion der GNE durch die Punktmutationen, der Expression von Sialinsäuren auf der Zelloberfläche und dem Ausbruch der Krankheit. Eher sind eine oder mehrere Funktionen, die die GNE neben der Sialinsäurebiosynthese besitzen könnte, gestört. Um die unterschiedlichen Funktionen der GNE besser zu verstehen, soll die GNE auf mögliche Interaktionen mit anderen Proteinen näher untersucht werden. Proteine, die bei h-IBM phänotypisch ähnlichen Erkrankungen mutiert sind, gelten als aussichtsreiche Kandidaten, ebenso wie Proteine die in Two-Hybrid-Screens als potentielle Interaktionspartner identifiziert worden sind. Diese Protein-Protein-Interaktionen sollen verifiziert und aufgrund von eventuellen Fehlregulationen in Verbindung zur h-IBM gebracht werden, so daß der Pathomechanismus der Krankheit besser verstanden werden kann.

III Ergebnisse

3.1. Expression und biochemische Charakterisierung neuer GNE-Isoformen

3.1.1. Identifizierung der Primärstrukturen der humanen GNE-Isoformen

Die UDP-GlcNAc-2-Epimerase/ManNAc-Kinase (GNE) setzt UDP-GlcNAc in ManNAc um und phosphoryliert es dann anschließend in 6-Position. Die Epimerisierung ist irreversibel und geschwindigkeitsbestimmend und damit der Schlüsselschritt der Sialinsäure-biosynthese. Watts *et al.* (2003) konnten bei Mutationsanalysen des Genoms von h-IBM-Patienten zeigen, daß die GNE in mehreren Spleißvarianten existiert. Dies läßt den Schluß zu, daß die GNE auch in mehreren Protein-Isoformen vorliegt, für die hier zunächst eine neue Nomenklatur eingeführt wird. Da das Exon 1 des GNE-Gens ein nicht-codierendes Exon ist (Abb. 9), ergibt sich für die Spleißvarianten I und IV ein Protein von 722 Aminosäuren. Dieses Protein, GNE1, entspricht dem ursprünglich beschriebenen GNE-Protein (Lucka *et al.*, 1999). Die Spleißvariante II codiert das Protein GNE2, welches am
N-Terminus um 31 Aminosäuren verlängert ist. Bei GNE3, dem von der Spleißvariante III codierten Protein, werden im Vergleich zu dem ursprünglichen GNE-Protein die ersten 59 Aminosäuren gegen 14 andere Aminosäuren ausgetauscht.
Zunächst wurden in verschiedenen genomischen und cDNA-Datenbanken (http://www.ncbi.nlm.nih.gov/BLAST; http://genome.ucsc.edu/cgi-bin/hgBlat) GNE2- und GNE3-codierenden Sequenzen gefunden, die die oben beschriebenen Primärstrukturen bestätigen konnten (Reinke, 2004). Allerdings wiesen diese Einträge in den Exon-Intron-Übergängen Diskrepanzen zu den von Watts *et al.* (2003) publizierten Sequenzen auf. Zur Aufklärung dieser Unterschiede wurden die Isoform-codierenden cDNAs über eine RT-PCR amplifiziert. Humane QUICK-Clone^{TM} Plazenta-cDNA wurde als Template verwendet. Es wurden zwei Ansätze durchgeführt. Im Ersten wurden die Primer hGNE2-For und hGNEA-Rev, im zweiten Ansatz die Primer hGNE2-For und hGNEB-Rev verwendet. Der Primer hGNE2-For bindet im nichtcodierenden Bereich von Exon A1, der Primer hGNEA-Rev im Exon 3 und der Primer hGNEB-Rev im Exon 12 und enthält dabei

das Stopcodon. Die sichtbaren PCR-Produkte von 700 bp und 500 bp (Abb. 17A) bzw. von 2500 bp (Abb. 17B) wurden in den pCR®-Blunt-Vektor kloniert und sequenziert. In beiden Fällen bestätigten die Sequenzanalysen die Vorhersage der Aminosäuresequenzen der Isoformen GNE2 und GNE3 aus den cDNAs der Datenbankeinträge. Die Sequenzen der 5'-Enden der cDNAs und die N-Termini von human GNE1, GNE2 und GNE3 sind in Abb. 18 dargestellt.

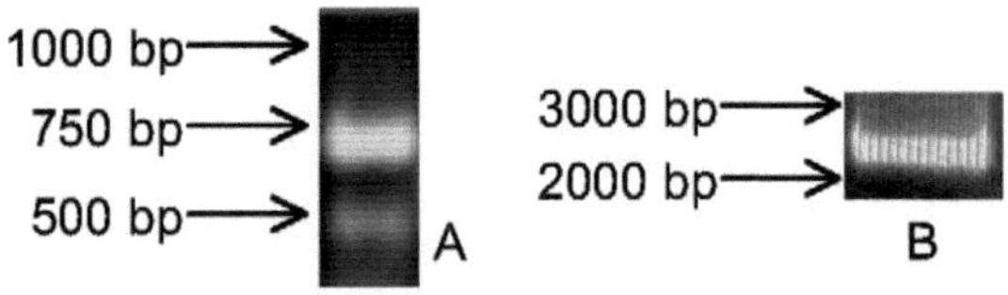

Abbildung 17: Amplifikation von GNE2- und GNE3-codierender cDNA aus humaner Plazenta. (A) PCR-Ansatz mit den Primern hGNE2A-For/hGNEA-Rev. (B) PCR-Ansatz mit den Primern hGNE2A-For/hGNEB-Rev.

3.1.2. Analyse von GNE-Isoformen aus nicht-humanen Spezies

Die Homologie der Aminosäuresequenz von GNE1 ist sehr hoch, zwischen Ratte und Maus sind 4, zwischen Ratte und Mensch 10 und zwischen Maus und Mensch 12 von 722 Aminosäuren unterschiedlich (Tabelle 1). Die weitere Suche in cDNA-Datenbanken (http://www.ncbi.nlm.nih.gov/BLAST; http://genome.ucsc.edu/cgi-bin/ hgBlat) zeigte ein analoges Exon A1, daß für das Maus-Homolog von GNE2 codiert. Die Sequenzhomologie auf cDNA-Ebene von murinem und humanem Exon A1 beträgt 75%, wohingegen die entsprechenden Proteinsequenzen von GNE2 nur eine Homologie von 58% zwischen den einzelnen N-Termini aufweisen (Abb. 19).

Erweiterte Datenbankensuchen ergaben das Vorkommen von GNE2- und GNE3-codierenden Sequenzen auch in anderen Spezies (Tabelle 1). Zunächst konnte sowohl für alle untersuchten Säugetiere, als auch für Huhn, Zebra- und Kugelfisch das Protein homolog zum humanen GNE1 gefunden werden. Innerhalb der Säugetiere liegt die Sequenzähnlichkeit höher als 95%. GNE1 vom Huhn zeigt eine Sequenzähnlichkeit von 93%, wobei GNE1 der verschiedenen Fischspezies nur eine Ähnlichkeit von etwa 80% zu hGNE1 zeigt. GNE2-codierende cDNA wurde bei allen untersuchten Affenspezies, der Maus, der Ratte und dem Huhn gefunden. Die Sequenzhomologien liegen in demselben

Bereich wie GNE1. Vergleicht man nur den zusätzlichen N-Terminus von GNE2 der Maus, der Ratte und dem Huhn, mit human GNE2, so fällt die Sequenzhomolgie auf unter 60%. Aus den Affengenomen konnte zusätzlich die cDNA für GNE3 vorhergesagt werden. Bei der Maus, der Ratte und dem Huhn konnte ein für GNE3 spezifisches Exon A1, analog zum humanen GNE3 spezifischen Exon A1, gefunden werden, welches aber nicht das GNE3-spezifische Startcodon enthielt. Damit konnte keine GNE3-mRNA postuliert werden. Das Vorkommen der einzelnen Isoformen innerhalb der verschiedenen Spezies ist in Tabelle 1 zusammengefaßt.

```
GNE1
  1 M   E   K   N   G   N   N   R   K   L   R   V   C   V   A   T
  1 ATG GAG AAG AAT GGA AAT AAC CGA AAG CTG CGG GTT TGT GTT GCT ACT

 17 C   N   R   A   D   Y   S   K   L   A   P   I   M   F   G   I
 49 TGT AAC CGT GCA GAT TAT TCT AAA CTT GCC CCG ATC ATG TTT GGC ATT

 33 K   T   E   P   E   F   F   E   L   D   V   V   V   L   G   S
 97 AAA ACC GAA CCT GAG TTC TTT GAA CTT GAT GTT GTG GTA CTT GGC TCT

 49 H   L   I   D   D   Y   G   N   T   Y   R   M   I   ... Y   722
145 CAC CTG ATA GAT GAC TAT GGA AAT ACA TAT CGA ATG ATT ... TAC 2166


GNE2
-31 M   E   T   Y   G   Y   L   Q   R   E   S   C   F   Q   G   P
-93 ATG GAA ACC TAT GGT TAT CTG CAG AGG GAG TCA TGC TTT CAA GGA CCT

-15 H   E   L   Y   F   K   N   L   S   K   R   N   K   Q   I   M
-45 CAT GAA CTC TAT TTT AAG AAC CTC TCA AAA CGA AAC AAG CAA ATC ATG

  2 E   K   N   G   N   N   R   K   L   R   V   C   V   A   T   C
  4 GAG AAG AAT GGA AAT AAC CGA AAG CTG CGG GTT TGT GTT GCT ACT TGT

 18 N   R   A   D   Y   S   K   L   A   P   I   M   F   G   I   K
 52 AAC CGT GCA GAT TAT TCT AAA CTT GCC CCG ATC ATG TTT GGC ATT AAA

 34 T   E   P   E   F   F   E   L   D   V   V   V   L   G   S   H
100 ACC GAA CCT GAG TTC TTT GAA CTT GAT GTT GTG GTA CTT GGC TCT CAC

 50 L   I   D   D   Y   G   N   T   Y   R   M   I   ... Y   722
148 CTG ATA GAT GAC TAT GGA AAT ACA TAT CGA ATG ATT ... TAC 2166


GNE3
  I M   V   I   C   R   G   S   H   A   F   K   D   L   I   XIV
-83 ATG GTT ATC TGC AGA GGG AGT CAT GCT TTC AAG GAC CTC ATA 165

 56 N   T   Y   R   M   I   ... Y   722
166 AAT ACA TAT CGA ATG ATT ... TAC 2166
```

Abbildung 18: N-terminale Sequenzen der hGNE-Isoformen. Die obere Zeile zeigt die Aminosäuresequenzen, die untere Zeile zeigt die cDNA-Sequenzen. Die fett gedruckten Aminosäuren sind für GNE1 und GNE2 gleich. GNE2-spezifische Aminosäuren sind einfach gedruckt und mit negativen Zahlen nummeriert. GNE3-spezifische Aminosäuren sind einfach gedruckt und mit römischen Zahlen nummeriert. Fett gedruckte Nucleotide werden von Exon A1 codiert, einfach gedruckte Nucleotide werden von Exon 2 codiert und unterstrichene Nucleotide werden von Exon 3 codiert. Kursive Zahlen geben die letzte Aminosäure bzw. das letzte Basentriplett an.

```
GNE2 human 1 METYGYLQRESCFQGPHELYFKNLSKRNKQIMEKNGNNRKLRVCVA 46
GNE2 mouse 1 """HAH"H""QSYA""""""""K""SKK""V""""""""""""""" 46
```

Abbildung 19: Aminosäure-Sequenzvergleich der N-Termini des humanen und murinen GNE2-Proteins. Blau: Homolg zu GNE 1. Schwarz: Aminosäuren codiert von Exon 2. Rot codiert von Exon A1.

Tabelle 1: Sequenzhomologie von GNE1, GNE2 und GNE3 verschiedener Spezies.

Spezies	Taxonomie	GNE1	GNE2	GNE2 N-Terminus	GNE3
Mensch	Homo sapiens	722/722 AS (100%)	753/753 AS (100%)	31/31 AS (100%)	681/681 AS (100%)
Schimpanse	Pan troglodytes	722/722 AS (100%)	752/753 AS (99,9%)	30/31 AS (96,8%)	680/681 AS (99,9%)
Rhesusaffe	Macaca mulatta	721/722 AS (99,9%)	751/753 AS (99,7%)	30/31 AS 96,8%	679/681 AS (99,7%)
Orang-Utan	Pongo pygmaeus	719/722 AS (99,6%)	750/753 AS (99,6%)	31/31 AS (100%)	679/681 AS (99,7%)
Schwein	Sus scrofa	714/722 AS (98,9%)			
Maus	Mus musculus	711/722 AS (98,5%)	729/753 AS (96,8%)	18/31 AS (58,1%)	
Ratte	Rattus norvegicus	710/722 AS (98,3%)	728/753 AS (96,7%)	18/31 AS (58,1%)	
Hamster	Cricetulus griseus	708/722 AS (98,1%)			
Beutelratte	Monodelphis domestica	689/722 AS (95,4%)			
Huhn	Gallus gallus	671/722 AS (92,9%)	688/754 AS (91,2%)	17/32 AS (53,1%)	
Zebrafisch	Danio rerio	582/725 AS (80,3%)			
Grüner Kugelfisch	Tetraodon nigroviridis	570/725 AS (78,6%)			
Japanischer Kugelfisch	Takifugu rubripes	552/695 AS (79,4%)			

3.1.3. Gewebeverteilung von humaner und muriner GNE-codierender mRNA

Als nächstes wurde die Gewebsverteilung der humanen und murinen Isoformen-codierenden mRNAs mittels RT-PCR untersucht. Zunächst wurden verschiedene humane

Zelllinien verwendet. *BJA-B*-Zellen (Keppler *et al.*, 1994) sind eine B-Lymphocyten-, Jurkat-Zellen eine T-Lymphocyten-Zelllinie. Die Zellen wurden geerntet, aufgeschlossen und aus dem Lysat wurde mittels des RNeasy-Kits die RNA isoliert. Die RNA wurde mit Hilfe der Reversen Transkriptase über Oligo-dT-Primer in cDNA umgeschrieben, die wiederum als Template für die RT-PCR diente. Als Primer wurden zum einen hGNE1-For und hGNEA-Rev und zum anderen hGNE2-For und hGNEA-Rev eingesetzt. In allen Zelllinien ist GNE1-codierende mRNA vorhanden, wohingegen GNE2- und GNE3-codierende mRNA jeweils nur in HEK (Human Embryonic Kidney)- und TE671 (Rhabdomyosarkom)-Zellen vorhanden sind (Abb. 20).

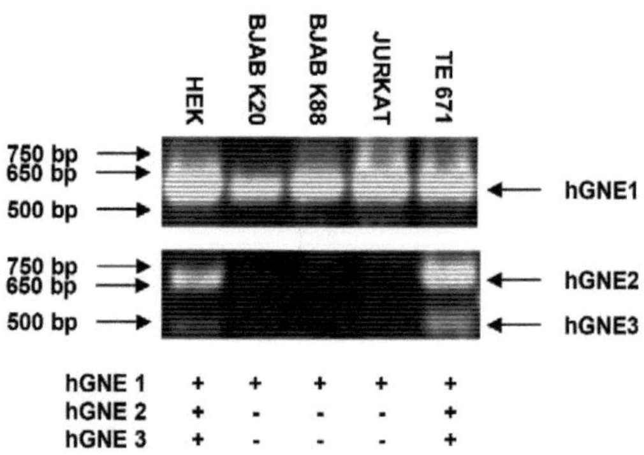

Abbildung 20: Verteilung der GNE-Isoformen innerhalb verschiedener humaner Zelllinien.

In einem zweiten Ansatz wurde ein cDNA-Panel von zehn verschiedenen humanen Geweben als Template für die RT-PCR eingesetzt. Es wurden dieselben Primer verwendet. In jedem untersuchten Gewebe kommt hGNE1-codierende mRNA vor (Abb. 21). Dies wurde auch in früheren Arbeiten mit Northern-Blot-Analysen gezeigt (Lucka *et al.*, 1999). Mittels einer radioaktiven Sonde konnte dort hGNE1 in Herz, Gehirn, Niere, Leber, Plazenta, Lunge, Pankreas und Skelettmuskel nachgewiesen werden.

In Niere, Leber, Plazenta und Dickdarm kommt hGNE2-codierende mRNA vor (Abb. 21). Da das Experiment mit den verschiedenen humanen Zelllinien suggeriert, daß in der Niere hGNE3 exprimiert wird (Abb. 20), wurde die RT-PCR mit einer höheren Zyklenzahl wiederholt. Auch in Gehirn, Lunge und Pankreas kommt hGNE2-codierende mRNA vor. In

Niere, Leber, Plazenta und Dickdarm kommt hGNE3-codierende mRNA vor, jedoch in einer wesentlich geringeren Expressionsrate. Ein Ergebnis der RT-PCR ist das Fehlen von hGNE2- und hGNE3-codierende mRNA im Skelettmuskel, was dem vorherigem Experiment mit den verschiedenen humanen Zelllinien widerspricht. In TE671-Zellen, einer Skelettmuskel-Zelllinie, ist hGNE2- und hGNE3-codierende mRNA vorhanden.
Mit Northern-Blot-Analysen konnten die Ergebnisse nicht verifiziert werden. Zum einen wurde in früheren Experimenten (Lucka *et al.*, 1999) keine zusätzliche Bande beobachtet. Zum anderen zeigten im Rahmen dieser Arbeit angefertigte Northern-Blots mit hGNE2-spezifischen, radioaktiven Sonden ebenfalls keine Banden.

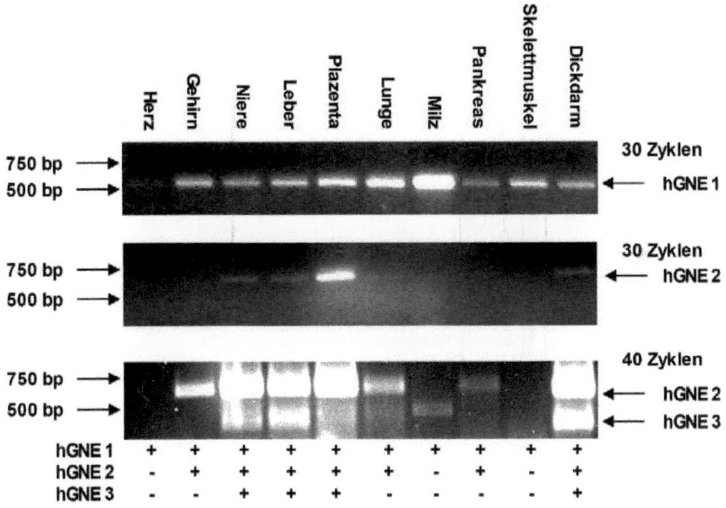

Abbildung 21: Gewebsspezifische Verteilung der humanen GNE-Isoformen codierenden mRNAs.

Ein Panel mit fünf verschiedenen murinen Geweben wurde als Template für eine RT-PCR zur Detektion von murinen GNE1- und GNE2-codierenden mRNAs eingesetzt. Als Primer wurden die Forward-Primer mGNE1-For und mGNE2-For und als Reverse-Primer mGNE-Rev verwendet. Analog zu human GNE1 konnte in allen untersuchten Geweben mGNE1-codierende mRNA nachgewiesen werden (Abb. 22), was wiederum mit früheren Ergebnissen aus Northern-Blot-Analysen übereinstimmt (Horstkorte *et al.*, 1999). Murine

GNE2-codierende cDNA kommt, mit Ausnahme der Leber, in allen untersuchten Geweben vor. Während hGNE2 in der Leber und nicht im Skelettmuskel vorkommt, liegt bei mGNE2 der umgekehrte Fall vor. Zur Kontrolle wurde das aus dem Gehirn amplifizierte PCR-Fragment ausgeschnitten, extrahiert und in den pCR®2.1-TOPO-Vektor ligiert. Die nach einer Transformation von *E.coli* TOP10 Zellen isolierten Plasmide wurden sequenziert und mit den Datenbankeinträgen verglichen. Bis auf eine stille Mutation (CTC⇒CTT) stimmen die GNE2-codierenden cDNA-Sequenzen vollkommen überein. Die PCR-Analyse der Gehirnprobe weist eine Doppelbande auf (Abb. 22). Dieses PCR-Fragment wurde ebenfalls ausgeschnitten, in den pCR®2.1-TOPO-Vektor ligiert und sequenziert. Das kleinere PCR-Produkt wurde als Syntaxin-Binding-Protein 1 identifiziert.

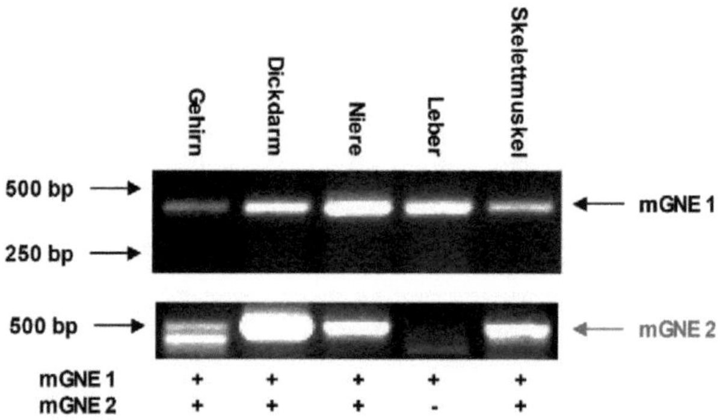

Abbildung 22: Gewebsspezifische Verteilung der murinen GNE-Isoformen codierenden mRNAs.

3.1.4. Expression der GNE-Isoformen in Insektenzellen mit dem BAC-TO-BAC®-Baculovirussystem

3.1.4.1. Klonierung der humanen und murinen GNE-Isoform-codierenden cDNAs

Die nächste Aufgabe bestand darin, die cDNAs (Abb. 23) der humanen und murinen GNE-Isoformen in den Expressionsvektor für Insektenzellen zu klonieren, um anschließend die Proteine exprimieren und charakterisieren zu können. Die GNE-Isoformen unterscheiden sich alle im N-Terminus. Da die Funktion der verschiedenen N-Termini genauer untersucht werden sollte, wurden alle Konstrukte für spätere Arbeiten und Analysen mit einem C-terminalen 6xHis Tag versehen. Als Template der PCR für die Amplifikation der humanen GNE1 und GNE3 wurde die cDNA pFASTBAC™ HTa-His-hGNE1, die schon in früheren Arbeiten verwendet wurde (Hinderlich *et al.*, 1997), eingesetzt. Kommerziell erhältliche humane QUICK-Clone™ Plazenta-cDNA wurde als Template der PCR für die Amplifikation von human GNE2 eingesetzt. Für die Amplifikation von hGNE1 und hGNE2 wurden die Forward-Primer hGNE1-For bzw. hGNE2-For verwendet. Für die Amplifikation von hGNE3 wurde der degenerierte Forward-Primer hGNE3-For, der die Codons der GNE3-spezifischen Aminosäuren enthält, eingesetzt. Für alle PCR-Reaktionen wurde der folgende degenerierte Reverse-Primer, hGNE-Rev, der den zusätzlichen 6xHis-Tag und das Stopcodon codiert, verwendet.

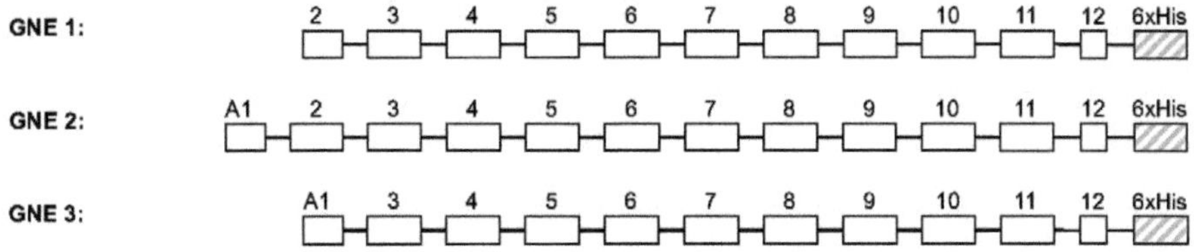

Abbildung 23: Schematische Darstellung der cDNAs der klonierten Konstrukte. Die Boxen stellen die codierenden Exons (analog zu Abb. 13) dar. Die Konstrukte wurden zusätzlich mit einem C-terminalen 6xHis-Tag versehen.

Für die Amplifikation von murin GNE1 und GNE2 wurde der Klon IRAKp961E1325Q2 (RZPD, Deutsches Resourcenzentrum für Genomforschung; Berlin, Deutschland) als Template der Klonierungs-PCR eingesetzt. Die Forward-Primer mGNE1-For bzw. mGNE2-For und der degenerierte Reverse-Primer mGNE-Rev, der den zusätzlichen 6xHis-Tag und das Stopcodon codiert, wurden für die Amplifikation verwendet. Die erhaltenen PCR-Produkte (Abb. 24) wurden ausgeschnitten, extrahiert und in den pCR®-Blunt-Vektor ligiert.

Nach anschließender Transformation von *E.coli* TOP10-Zellen wurde eine Kolonie-PCR durchgeführt, um positive Klone, die die cDNAs in geeigneter Orientierung für die anschließende Umklonierung in den pFASTBAC™ 1-Vektor enthielten, zu identifizieren. Die Plasmide der positiven Klone wurden isoliert und mit den Primern M13-For (5' IRD 800) und M13-Rev (5' IRD 700) ansequenziert. Nach Bestätigung der DNA-Sequenzen wurden die klonierten Fragmente mit XhoI und KpnI ausgeschnitten und in den pFASTBAC™ 1-Vektor ligiert. Es wurden wiederum *E.coli* TOP10-Zellen transformiert, Plasmide isoliert und sequenziert. Für die Sequenzierung der cDNAs der humanen und der murinen Isoformen wurden 5'-fluoreszenz-gelabelte Primer verwendet. Mit diesen Primern konnten die klonierten Fragmente upstream und downstream jeweils komplett sequenziert werden. Die Sequenzen der cDNA-Konstrukte von hGNE2, mGNE1 und mGNE2 waren fehlerfrei. Bei der cDNA von hGNE1 fehlte im Startcodon ATg die Base A, bei der cDNA von hGNE3 war statt dem Startcodon ATg ein TCg vorhanden. Daraufhin wurde mit der cDNA von hGNE1 und hGNE3 eine Mutagenese-PCR durchgeführt. Verwendet wurden die Primer MuthGNE1-For und MuthGNE1-Rev für hGNE1 und MuthGNE3-For und MuthGNE3-Rev für hGNE3. Nach erfolgreicher Mutagenese-PCR, anschließender Transformation von *E.coli* TOP10-Zellen und Plasmid-DNA-Isolation wurden die beiden Konstrukte nochmals durchsequenziert. Die Sequenz der cDNA für hGNE1 war nun in Ordnung. Bei der cDNA für hGNE3 wurde die ursprüngliche Mutation korrigiert, allerdings hatte eine Mutation an anderer Stelle stattgefunden. In Position 1195 der cDNA für hGNE3 fand ein Austausch von A nach g statt. Das hatte ein Aminosäureaustausch von Lysin (K) in Glutamat (E) an der Position 399 zur Folge. Aus diesem Grund wurde eine zweite Mutagenese-PCR mit den Primern MuthGNE3II-For und MuthGNE3II-Rev durchgeführt. Das erhaltene hGNE3-cDNA-Konstrukt wurde durchsequenziert. Nun war auch diese cDNA-Sequenz fehlerfrei.

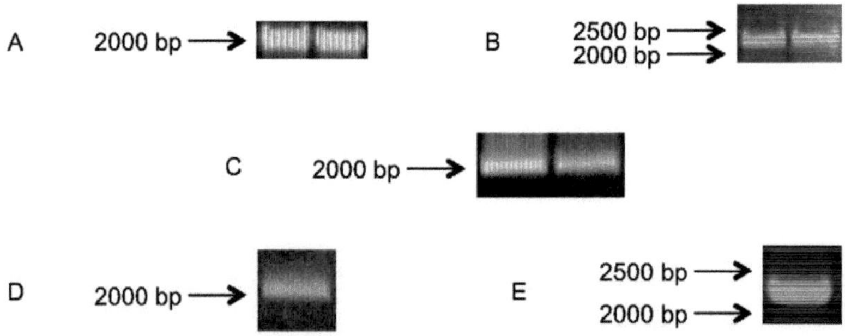

Abbildung 24: PCR-Produkte der humanen und murinen GNE-Isoform-codierenden cDNAs.
(A) hGNE1, (B) hGNE2, (C) hGNE3, (D) mGNE1, (E) mGNE2.

3.1.4.2. Generierung des Baculovirus und Pilotexpression

Mit den fünf durchsequenzierten Plasmiden der humanen und murinen GNE1, humanen und murinen GNE2 und humanen GNE3 wurden *E.coli* DH10BAC^{TM}-Zellen für die Herstellung der Bacmid-DNA transformiert. Dabei wurden die Gene durch homologe Rekombination in die Bacmid-DNA integriert. Nach der Blau-Weiß-Selektion konnte von den positiven Klonen das Bacmid isoliert werden.

Für die Expression der Isoformen in Insektenzellen mußte zu Beginn der Baculovirus hergestellt werden. Dazu wurden *Sf9*-Zellen mit der Bacmid-DNA transfiziert. Nach fünftägiger Inkubation konnte der Transfektionsüberstand, indem sich der Virus befand, geerntet werden. Um den Titer des Virus zu erhöhen, erfolgte eine zweimalige Amplifikation des Transfektionsüberstands. Um zu überprüfen, ob aktiver Virus gebildet wurde, wurden zunächst die Zellen pelletiert, aufgeschlossen und das Lysat wurde auf UDP-GlcNAc-2-Epimerase- und ManNAc-Kinase-Aktivität getestet. Im Lysat konnten bis auf hGNE3 für alle Isoformen beide Aktivitäten nachgewiesen werden. Für hGNE3 konnte nur eine geringe Kinaseaktivität gemessen werden. Zum anderen wurde durch eine PCR Virus im Virusüberstand (Erststock) nachgewiesen. Der Erststock wurde mit SDS und Proteinase K behandelt und anschließend wurde die DNA über eine NucleoSpin®-Säule aufgereinigt. Die Eluate dienten als Template für die PCR. Für den humanen Virus wurden der Forward-Primer pFASTBAC-For und der Reverse-Primer hGNEA-Rev und für den murinen Virus der Forward-Primer pFASTBAC-For und der Reverse-Primer mGNE-Rev eingesetzt. Bis auf hGNE3 konnte für alle Konstrukte ein PCR-Produkt amplifiziert (Abb. 25) und daher geeigneter Virus für die Proteinexpression nachgewiesen werden.

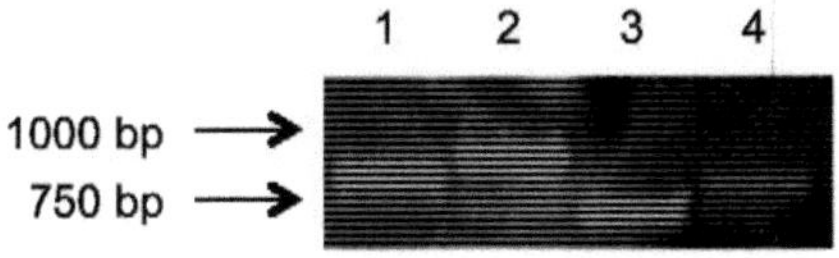

Abbildung 25: PCR-Analyse zum Nachweis von Virus im Erststock. (1) hGNE1, (2) hGNE2, (3) mGNE1, (4) mGNE2.

Zur Klonierung der Viren, wurde ein Plaque-Assay durchgeführt. Ein Plaque-Assay ist eigentlich ein Verfahren, zur Bestimmung des Virustiters. Dabei werden adhärierende *Sf9*-Zellen unterschiedlichen Virusverdünnungen ausgesetzt. Nach einer bestimmten

Inkubationszeit kommt es dann zur Lyse von infizierten Zellen und deren unmittelbaren Nachbarzellen. Anschließend wird der Zellrasen gefärbt und man erkennt diese Lyse an leeren, ungefärbten Stellen (Plaques). Diese Plaques werden gezählt und dienen als Maß für die Menge an infektiösen Viren. Die Angabe der Viruskonzentration erfolgt entweder als PFU (*Plaque-forming units*)/ml oder als MOI (*Multiplicity of infection*). Zur Klonierung wurden die Plaques ausgestochen und neue *Sf9*-Zellen infiziert. Nach zweimaliger Virusamplifikation wurden schließlich die optimalen Expressionsbedingungen ermittelt. Dazu wurden Zellen mit unterschiedlichen Volumina an Erststock infiziert. Die Zellen wurden wiederum pelletiert, aufgeschlossen und die Epimerase- und Kinaseaktivität wurde gemessen. Bis auf hGNE3 konnten bei den einzelnen humanen und murinen GNE-Isoformen keine unterschiedlichen Expressionsraten bei den unterschiedlichen Virusmengen ermittelt werden. Zusätzlich wurde die Expressionsrate über eine SDS-PAGE mit anschließender Silberfärbung kontrolliert. Für human und murin GNE1 bzw. GNE2 konnte eine deutliche Überexpression gezeigt werden. Es waren keine Unterschiede bei den unterschiedlichen Virusmengen sichtbar. Daher wurden für die folgenden Infektionen die geringsten getesteten Viruskonzentrationen (500 µl Erststock für 20 ml *Sf900*-Zellen) eingesetzt. Für hGNE3 wurde keine Überexpression beobachtet. Daher wurde für hGNE3 in den folgenden Versuchen das maximal mögliche Volumen von 10 ml Erststock für 100 ml *Sf900*-Zellen eingesetzt.

3.1.4.3. Expression und Reinigung der humanen und murinen GNE-Isoformen

Die Proteinexpression wurde sowohl in *Sf900*- als auch in *High Five*-Zellen durchgeführt. Nach einer Infektionszeit von 48-72 h wurden die Zellen durch Zentrifugation geerntet und je nach Volumina mittels einer Spritze oder durch die French-Press aufgeschlossen. Die durch eine weitere Zentrifugation erhaltene lösliche Fraktion des Zelllysats wurde über eine Ni-NTA-Agarose chromatographiert. Bei dieser Affinitätschromatographie bindet der spezifische Ligand der rekombinanten Proteine, der 6xHis-Tag, an die Ni-NTA-Agarose und die Proteine können so von Verunreinigungen getrennt werden. Da die Elution mit imidazolhaltigem Puffer, der die Funktion der GNE negativ beeinflußt, erfolgte, wurden die Proben anschließend durch PD10-Chromatographie umgepuffert. Die gepoolten proteinhaltigen Fraktionen wurden anschließend in einer SDS-PAGE analysiert (Abb. 26A). Die Überexpression in *Sf900*-Zellen und die Reinigung über die Ni-NTA-Agarose waren für hGNE1, hGNE2, mGNE1 und mGNE2 erfolgreich. Der Reinheitsgrad der Proben lag deutlich über 95%. Desweiteren machte es keinen signifikanten Unterschied, ob die Proteine in *Sf900-* oder *High Five*-Zellen exprimiert wurden. Für humaner und muriner GNE1 konnte jeweils eine Bande von 70 kDa und für die humane bzw. murine GNE2 jeweils eine Bande von 75 kDa detektiert werden, was mit den molekularen Massen, die aus den cDNA-Sequenzen vorhergesagt werden konnten, gut übereinstimmt. Wie oben beschrieben, besitzt die GNE2 einen verlängerten N-Terminus, was den Shift von 5 kDa gegenüber der GNE1-Isoform erklärt. Die humane GNE3 konnte mittels Coomassie-Färbung nicht nachgewiesen werden. Daher wurden die Proben noch einmal in einer SDS-PAGE mit anschließender Silberfärbung, die wesentlich sensitver als die Coomassie-Färbung ist, analysiert. Für hGNE3 wurde wiederum keine Bande der erwarteten Größe detektiert, was zu dem Ergebnis führt, daß human GNE3 sich in Insektenzellen nicht funktionell exprimieren läßt. Mehr als 95% des exprimierten Proteins wurden in der unlöslichen Fraktion nach Zellaufschluß und Zentrifugation gefunden.

Wie in Abb. 26A zu sehen ist, wurde mGNE2 als Doppelbande exprimiert. Um dieses Ergebnis zu verifizieren, wurde eine Western-Blot-Analyse mit einem α-His-Antikörper durchgeführt (Abb. 26B). Der Western-Blot zeigt das gleiche Ergebnis, wie die SDS-PAGE. Die obere Bande hat eine Größe von 75 kDa, was durch die cDNA-Sequenz vorhergesagt wird. Die untere Bande, mit einer Größe von 70 kDa, entspricht der mGNE1-Isoform.

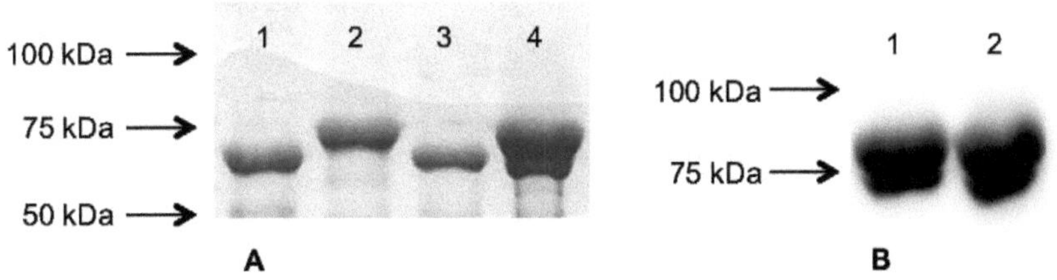

Abbildung 26: (A) Expression der humanen und murinen GNE isoformen. Die Proteine wurden über das Baculovirussystem in Insekten(*Sf900*)-Zellen exprimiert, durch eine Ni-NTA-Affinitäts-chromatographie aufgereinigt und mittels SDS-PAGE mit anschließender Coomassie-Färbung analysiert. (1) hGNE1; (2) hGNE2; (3) mGNE1; (4) mGNE2. **(B) Western-Blot-Analyse von mGNE2.** mGNE2 wurde über das Baculovirussystem in Insekten(*Sf900*)-Zellen exprimiert und durch eine Ni-NTA-Affinitätschromatographie aufgereinigt. Zwei repräsentative Fraktionen wurden mittels Western-Blot und anschließender Immunodetektion mit einem α-His-Antikörper analysiert. (1) Fraktion 3; (2) Fraktion 4.

Es mußte eindeutig geklärt werden, ob beide Banden der mGNE2-Isoform entsprechen. Dazu wurde ein Peptide-Mass-Fingerprint durchgeführt. mGNE2 wurde in Insektenzellen exprimiert, über eine Ni-NTA-Affinitätschromatographie und Gelfiltration aufgereinigt und in einer anschließenden SDS-PAGE mit Silberfärbung analysiert (Abb. 27). Die zwei Banden wurden ausgeschnitten, entfärbt und tryptisch verdaut. Aus dem dann aufgenommenen MALDI-MS-Spektrum wurde eine Peak-Liste extrahiert, mit der dann eine Internet-basierte Suche über Mascot durchgeführt wurde. Für beide Banden konnten Peptide aus mGNE2 gefunden werden (Abb. 28).

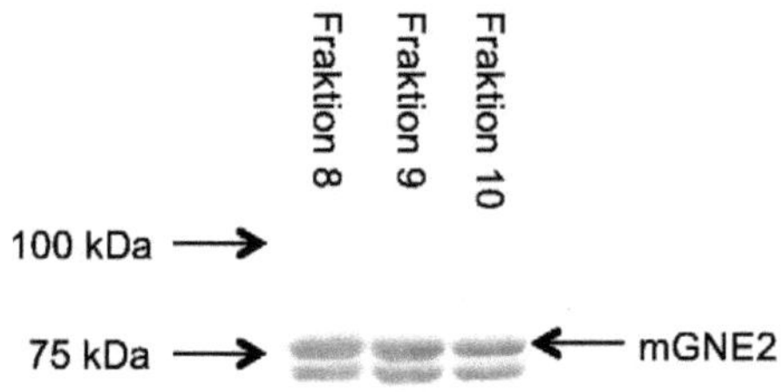

Abbildung 27: Aufgereinigte mGNE2 in einer SDS-PAGE mit anschließender Silberfärbung. mGNE2 wurde in Insektenzellen exprimiert und über eine Ni-NTA-Affinitätschromatographie und Gelfiltration aufgereinigt. Beide Banden wurden ausgeschnitten, entfärbt und tryptisch verdaut. Die anschließende MALDI-MS-Analyse wurde von Mitarbeitern der ET-Protein Chemistry der Schering AG durchgeführt.

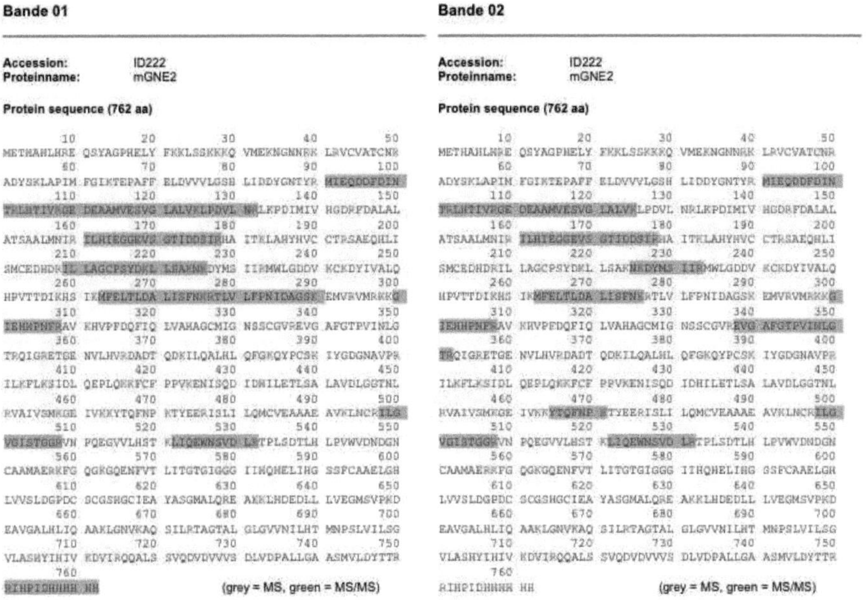

Abbildung 28: MALDI-MS-Analyse zur Identifizierung der mGNE2-Doppelbande. Die silbergefärbten Banden wurden ausgeschnitten, entfärbt und tryptisch verdaut. Für die in Abb. 27 obere Bande (Bande 01) wurden 13 Peptide gefunden. Etwa 20% der Aminosäuren von mGNE2 konnten identifiziert werden. Für die untere Bande (Bande 02) wurden 11 Peptide gefunden. Etwa 17% der Aminosäuren von mGNE2 konnten identifiziert werden. Sowohl die obere, als auch die untere Bande entsprechen mGNE2.

Man kann davon ausgehen, daß es sich bei beiden Banden um die mGNE2-Isoform handelt. Eine Doppelbande kann wiederum bedeuten, daß das Protein in zwei unterschiedlichen Phosphorylierungszuständen vorliegt. Die Behandlung der Proteinproben mit alkalischer Phosphatase sollte dazu führen, daß Phosphatgruppen von den Serin-, Threonin- oder Tyrosinresten abgespalten werden und aus der Doppelbande eine einzelne distinkte Bande wird. Dieses Experiment führte aber zu dem Ergebnis, daß mGNE2 einheitlich phosphoryliert wird und nicht wie angenommen in verschiedenen Phosphorylierungszuständen vorliegt (Abb. 29).

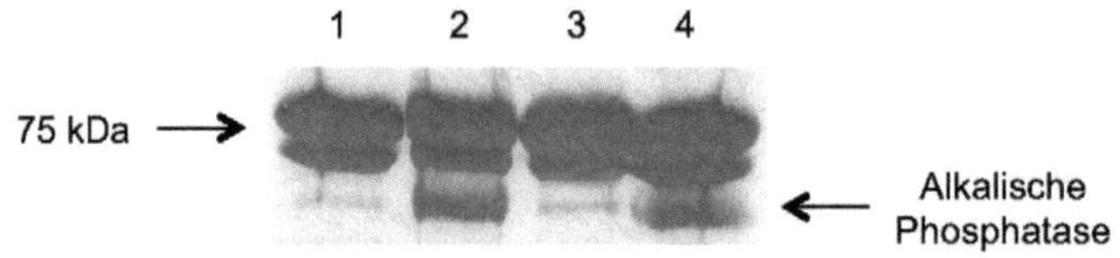

Abbildung 29: Behandlung aufgereinigter mGNE2-Fraktionen mit alkalischer Phosphatase. mGNE2 wurde in Insektenzellen exprimiert, über eine Ni-NTA-Affinitätschromatographie aufgereinigt und mit alkalischer Phosphatase inkubiert. Die Behandlung zeigte keinen Einfluß, die Doppelbande liegt noch vor. (1) Fraktion 3 ohne Phosphatase; (2) Fraktion 3 mit Phosphatase; (3) Fraktion 4 ohne Phosphatase; (4) Fraktion 4 mit Phosphatase.

Die untere Bande könnte auch ein Abbauprodukt des mGNE2-Proteins sein. Deshalb erfolgte als nächster Schritt die Proteinexpression in Insektenzellen und die Aufarbeitung in Anwesenheit verschiedener Proteaseinhibitoren wie Trasylol und MG132 (Carbobenzoxy-L-leucyl-L-leucyl-L-leucinal) durchzuführen. Die Expression von mGNE2 in Gegenwart von Trasylol zeigte keinen Einfluß. Die SDS-PAGE-Analyse mit anschließender Silberfärbung zeigte die gleiche unveränderte Doppelbande in den Lysaten bei unterschiedlicher Trasylol-Konzentration (Daten nicht gezeigt). Anschließend wurde mGNE2 in *Sf900*-Zellen mit unterschiedlichen MG132-Konzentrationen exprimiert. Nach einer Infektionszeit von 48 h wurden die Zellen durch Zentrifugation geerntet und mittels einer French-Press aufgeschlossen. Die Lysate wurden in einer SDS-PAGE mit anschließender Silberfärbung analysiert. Die Behandlung mit MG132 führte tatsächlich dazu, daß die Doppelbande mit zunehmender MG132-Konzentration verschwand, was aber auch mit einer beträchtlichen Reduzierung der Expressionsrate einherging (Abb. 30). Die untere Bande mit einer Größe von 70 kDa könnte auch dem mGNE1-Protein entsprechen. Die MALDI-MS-Analyse gab in der Hinsicht nicht genügend Aufschluß darüber, da kein mGNE2-spezifisches Peptid gefunden wurde. Die cDNA-Sequenz von GNE2 enthält downstream ein zweites, alternatives Startcodon, welches dem GNE1-Startcodon äquivalent ist. Dies könnte in der Expression des Proteins mit der Größe der unteren Bande resultieren. Aus diesem Grund wurde das alternative Startcodon (M32) in ein Codon für Alanin mutiert, so daß die Mutante mGNE2 M32A generiert wurde. Dazu wurden die Primer MutmGNE2-For und MutmGNE2-Rev verwendet.

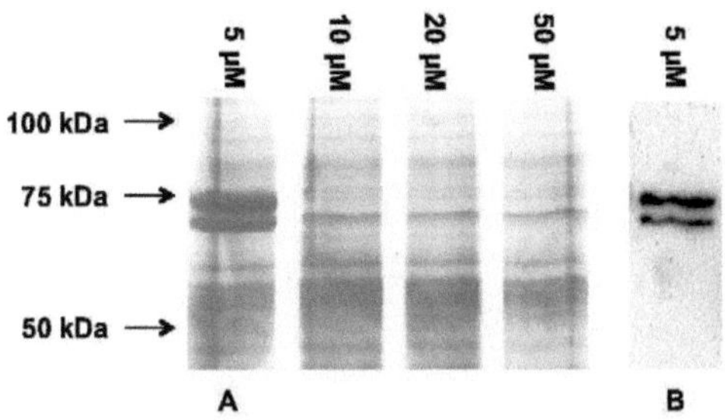

Abbildung 30: (A) SDS-PAGE mit anschließender Silberfärbung von in Anwesenheit von MG132 exprimierter mGNE2. mGNE2 wurde in *Sf900*-Zellen exprimiert. Es wurden vier verschiedene MG132-Konzentrationen eingesetzt. Mit zunehmender Inhibitor-Konzentration wird die Doppelbande reduziert, was aber mit einem drastischen Verlust in der Proteinausbeute einhergeht. **(B) α-His-Western-Blot.** Bei beiden Banden handelt es sich um die mGNE2-Isofom.

Nach Transformation von *E.coli* TOP10-Zellen wurde die Plasmid-DNA isoliert und sequenziert. Durch Transformation von *E.coli* DH10BAC^{TM}-Zellen wurde die Bacmid-DNA generiert und für die Virusherstellung *Sf9*-Zellen transfiziert. Nach zweimaliger Virusamplifikation und Proteinexpression in *Sf900*-Zellen konnte das mutierte Protein analysiert werden. Dazu wurden die Zellen aufgeschlossen, das Protein wurde über eine Ni-NTA-Affinitätschromatographie und Gelfiltration aufgereinigt und in einer SDS-PAGE analysiert (Abb. 31). Die Expression von mGNE2 M32A resultierte immer noch in einer Doppelbande. Das Verhältnis zwischen obere und untere Bande hat sich nicht verändert. Da die verschiedenen Ansätze keine Änderung in der Expression des Proteins brachten, wurde mit dem mGNE2-Protein weitergearbeitet.

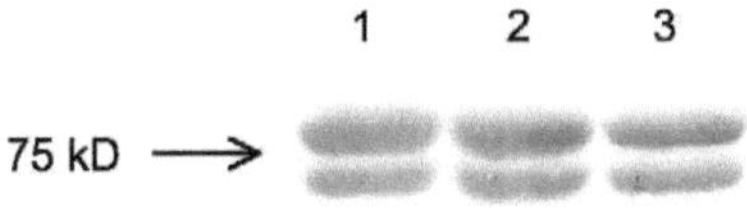

Abbildung 31: Aufgereinigte mGNE2-Mutante M32A in einer SDS-PAGE mit anschließender Silberfärbung. mGNE2 M32A wurde in Insektenzellen exprimiert und über eine Ni-NTA-Affinitätschromatographie und Gelfiltration aufgereinigt. Drei nach der Gelfiltration erhaltene Fraktionen wurden analysiert.

Da hGNE3 sich nicht in Insektenzellen exprimieren ließ, wurde die entsprechende cDNA in den pGEX^{TM}-4T-1-Vektor, einen Expressionsvektor von Fusionsproteinen mit einem N-terminalen GST-Tag in *E.coli*-Zellen, umkloniert. Das cDNA-Konstrukt pCR®-Blunt-hGNE3-His wurde als Template und die degenerierten Primer hGNE3EC-For und hGNE3EC-Rev, die die Schnittstellen für die Restriktionsenzyme EcoRI bzw. NotI enthalten, für die Klonierungs-PCR eingesetzt. Das PCR-Produkt wurde über die Restriktionsschnittstellen in den pGEX™-4T-1-Vektor ligiert. Nach der Transformation von *E.coli* BL21 (DE3)-Zellen konnte die hGNE3 exprimiert werden. Da bei der Expression ein GST-Fusionsprotein entsteht, konnte das Protein über eine GST-Affinitätschromatographie aufgereinigt werden. Die anschließende SDS-PAGE-Analyse mit anschließender Silberfärbung zeigt eine prominente Bande bei einer Größe von 95 kDa. Allerdings zeigte sich auch, daß 95% des Proteins sich in der unlöslichen Fraktion, nach Zellaufschluß und Zentrifugation befinden. Eine Western-Blot-Analyse mit einem α-GST-Antikörper bestätigte die SDS-PAGE-Analyse (Abb. 32).

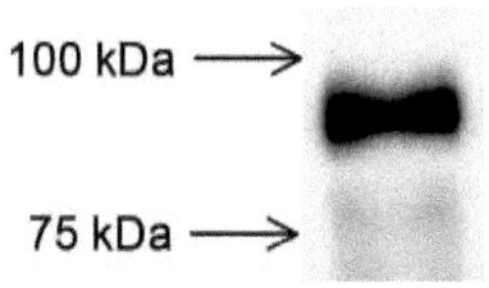

Abbildung 32: α-GST-Western-Blot von hGNE3-Eluat. hGNE3 wurde in *E.coli* (BL21)-Zellen exprimiert. Das Fusionsprotein wurde durch eine Affinitätschromatographie aufgereinigt und mittels Western-Blot-Analyse mit einem α-GST-Antikörper analysiert.

3.1.5. Charakterisierung der humanen und murinen GNE-Isoformen

Im nächsten Schritt wurden die Epimerase- sowie Kinaseaktivitäten der gereinigten humanen und murinen GNE-Isoformen bestimmt. Dazu wurden die in Insektenzellen exprimierten Proteine über Ni-NTA-Affinitätschromatographie aufgereinigt und über eine PD10-Säule umgepuffert. Die vereinigten proteinhaltigen Fraktionen wurden für den Epimerase- bzw. Kinaseassay eingesetzt. Für die hGNE1 wurde eine spezifische Aktivität für die UDP-GlcNAc-2-Epimerase von etwa 1100 mU/mg bestimmt (Abb. 33). Dieser Wert der GNE1 stimmt mit der Aktivität der ebenfalls in Insektenzellen exprimierten humanen GNE1 mit N-terminalen His-Tag (etwa 1500 mU/mg; Hinderlich *et al.*, 2004) gut überein. Bei hGNE2 ist die spezifische Aktivität um etwa 80% reduziert. Für die hGNE3, die in *E.coli* BL21-Zellen exprimiert wurde, konnte keine Epimeraseaktivität gemessen werden. Die Epimeraseaktivitäten der murinen GNE-Isoformen entsprechen der von hGNE1 (Abb.

33). Im Gegensatz zu hGNE2 konnte keine Reduktion der Aktivität von mGNE2 beobachtet werden.

Bei dem ManNAc-Kinase-Assay wurde für hGNE1 eine spezifische Aktivität von etwa 2100 mU/mg bestimmt (Abb. 33), was wiederum mit den Werten der Expression der N-terminalen His-getagten humanen GNE1 (etwa 2500 mU/mg; Hinderlich *et al.*, 2004) sehr gut übereinstimmt. Die spezifischen Kinaseaktivitäten von hGNE2, hGNE3, mGNE1 und mGNE2 liegen alle in derselben Größenordnung (Abb. 33).

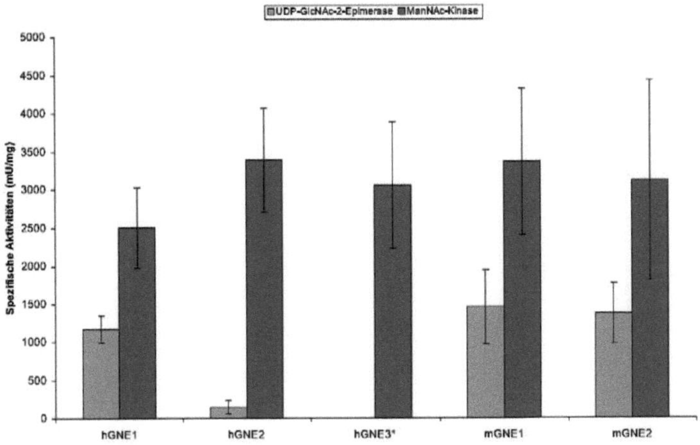

Abbildung 33: UDP-GlcNAc-2-Epimerase- und ManNAc-Kinase-Aktivitäten der gereinigten GNE-Isoformen. Die Werte sind Mittelwerte ± Standardabweichung aus acht unabhängigen Experimenten. *hGNE3 wurde in *E.coli* BL21-Zellen exprimiert.

Desweiteren sollte der oligomere Zustand der einzelnen GNE-Isoformen durch Gelfiltrationsanalysen analysiert werden. Durch zwei verschiedene biophysikalische Methoden, Analytische Ultrazentrifugation und Dynamische Lichtstreuung, konnten Ghaderi *et al.* zeigen, daß die humane GNE1 nicht, wie ursprünglich angenommen als Hexamer und Dimer (Hinderlich *et al.*, 1997), sondern als Tetramer und Dimer existiert, wobei das Tetramer sowohl die Epimerase- als auch die Kinaseaktivität besitzt, wohingegen das Dimer nur die Kinaseaktivität aufweist. Diese Ergebnisse wurden durch Gelfiltrationsanalysen bestätigt (Abb. 34).

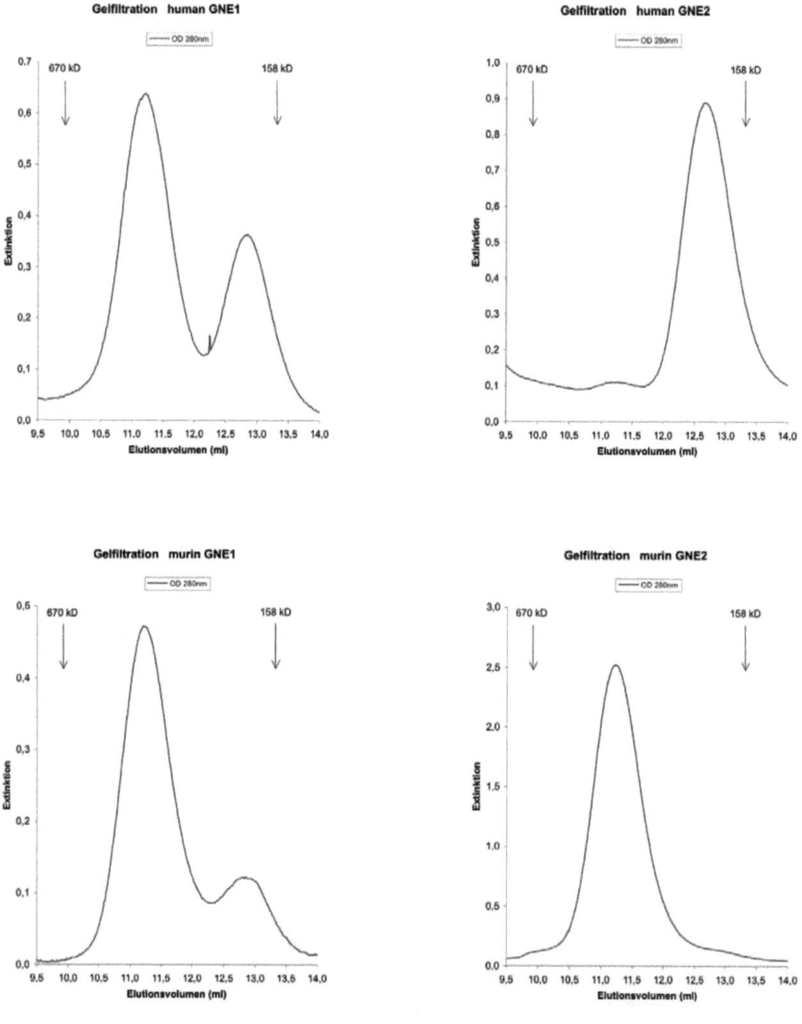

Abbildung 34: Gelfiltrationsanalysen der gereinigten GNE-Isoformen. Die aufgereinigten Proteine wurden über eine Sephadex®200-Säule analysiert. Die Pfeile zeigen das Elutionsvolumen der Standardproteine (Thyreoglobulin 670 kDa, IgG 158 kDa) an.

Aufgereinigte rekombinante humane und murine GNE1 existieren als Tetramer und Dimer im Verhältnis 3:1 bzw. 4:1. Die humane GNE2 liegt zu fast 90% als Dimer vor, wohingegen die murine GNE2 zu fast 90% als Tetramer vorliegt. Die Quartärstruktur für die hGNE3 über die Gelfiltration zu bestimmen erwies sich als schwierig, da die Expression in *E.coli*-Zellen keine hohe Proteinausbeute ergab und damit im Chromatogramm keine auswertbaren Peaks zu erkennen waren.Die Gelfiltration zeigt, daß hGNE2 als Dimer existiert, aber trotzdem eine Epimeraseaktivität vorhanden ist. Hinderlich *et al.* (1997) zeigten für hGNE1 in einem gekoppelten-optischen Test, daß bei Anwesenheit des Substrates UDP-GlcNAc das Dimer sich in das Tetramer zurückbilden und somit wieder Epimeraseaktivität nachgewiesen werden kann. hGNE2 wurde daher in *Sf900*-Zellen exprimiert, die Zellen wurden aufgeschlossen und hGNE2 wurde über Ni-NTA-Affinitäts-chromatographie und Gelfiltration aufgereinigt. Mit den Dimerfraktionen wurde der gekoppelt-optische Enzymtest durchgeführt. Die Rückbildung des Tetramers und die damit ansteigende Epimeraseaktivität sollte mit fortschreitender Reaktionszeit zu einer immer stärker werdenden Abnahme des Edukts NADH führen. Genau dies wurde für die Dimerpopulation von hGNE2 beobachtet. Das Dimer assoziiert in Anwesenheit von UDP-GlcNAc zum Tetramer und erklärt somit die beobachtete Epimeraseaktivität von hGNE2 (Abb. 35).

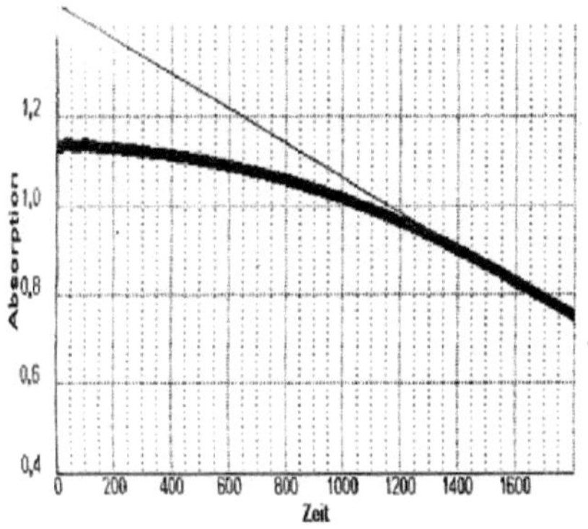

Abbildung 35: Gekoppelt-optischer Enzymtest zur hGNE2-Tetramer-Rückbildung. In Anwesenheit des Substrats UDP-GlcNAc bildet sich das hGNE2-Dimer zurück zum Tetramer. Die Rückbildung wird über die mit zunehmender Inkubationszeit verstärkte Abnahme der NADH-Konzentration nachgewiesen.

3.1.6. Transiente Proteinexpression in GNE-defiziente *CHO*-Lec3-Zellen

Um die Ergebnisse der Proteinexpression in Insektenzellen zu verifizieren, sollten die Isoformen in Säugerzellen transient exprimiert und anschließend die Epimeraseaktivität bestimmt werden. Da die exprimierten Proteine in diesen Experimenten nicht aufgereinigt werden konnten, konnte die Kinaseaktivität aufgrund hoher Hintergrundaktivität nicht ermittelt werden. Für die transiente Proteinexpression wurden die GNE-Varianten aus dem pFASTBAC^{TM} 1-Vektor mit SalI und KpnI herausgeschnitten und in den pUMVC3-Vektor (Aldevron), einen Säugerzell-Expressionsvektor, ligiert. Nach anschließender Transformation von *E.coli* TOP10-Zellen wurden die Plasmide isoliert und ansequenziert. GNE-defiziente *CHO*-Zellen (Lec3; Stanley *et al.*, 1981; Hong *et al.*, 2003) wurden mit der Plasmid-DNA mittels TransFectin^{TM} transient transfiziert. Nach 48 Stunden wurden die Zellen geerntet und aufgeschlossen. Mit den Lysaten wurde ein radiometrischer UDP-GlcNAc-2-Epimerase-Assay durchgeführt (Abb. 36). Die Tendenz der Epimerase-aktivitäten ist vergleichbar mit der der rekombinant exprimierten Proteine (s. Abb. 33). Die humane und murine GNE1 haben eine spezifische Aktivität in derselben Größenordnung, wohingegen die Epimeraseaktivität von mGNE2 im Vergleich zu hGNE1 bzw. mGNE1 um etwa das Doppelte gestiegen ist. hGNE2 zeigt eine um etwa 75% verminderte Epimeraseaktivität im Vergleich zu hGNE1. Um zu bestimmen, ob die Aktivitäten der GNE-Isoformen signifikant unterschiedlich zur Negativkontrolle sind, wurde mit den Daten ein T-Test durchgeführt und der p-Wert ermittelt (Abb. 36). Für hGNE2 wurde ein p-Wert von 0,67 und für hGNE3 ein p-Wert von 0,95 errechnet, was zeigt, daß die beobachtete Epimeraseaktivität sich nicht signifikant von der Hintergrundaktivität unterscheidet. Alle übrigen beobachteten Epimeraseaktivitäten unterscheiden sich signifikant von der Negativkontrolle.

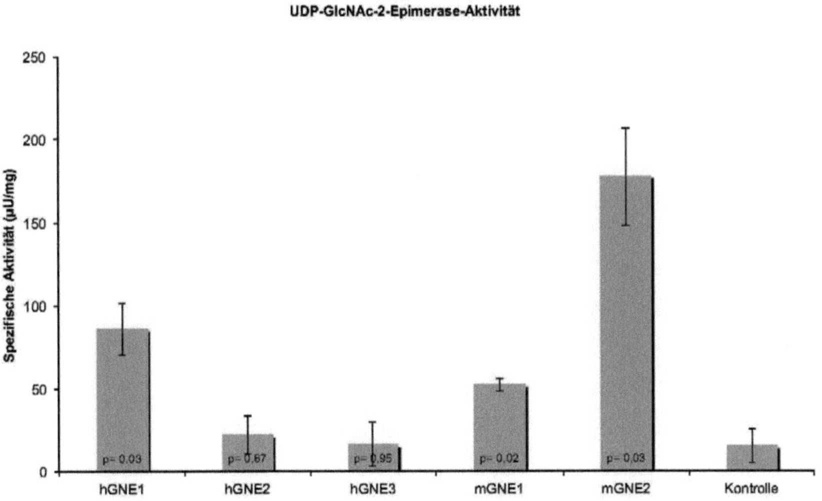

Abbildung 36: Radiometrischer UDP-GlcNAc-2-Epimerase-Assay der in *CHO*-Lec3-Zellen exprimierten GNE-Isoformen. Die Werte sind Mittelwerte ± Standardabweichung aus vier unabhängigen Experimenten.

3.1.7. Stabile Transfektion von *BJA-B* K20-Zellen und Etablierung GNE-Isoformen-spezifischer Zelllinien

In diesen Experimenten sollten durch Transfektion und Subklonierung stabile Zelllinien der humanen GNE-Isoformen hergestellt werden. Dazu wurden als Erstes die dazu erforderlichen cDNA-Konstrukte in den pcDNA3.1/V5-His-Vektor, einem Expressionsvektor für Säugerzellen, kloniert. Als Template für die Klonierungs-PCR dienten jeweils hGNE1, hGNE2 und hGNE3 im pCR®-Blunt-Vektor. Für die Amplifikation wurden die Forward-Primer SZGNE1-For, SZGNE2-For bzw. SZGNE3-For, sowie der Reverse-Primer SZGNE-Rev eingesetzt. Die PCR-Produkte (Abb. 37) wurden über eine TOPO-Ligation in den pcDNA3.1/V5-His-Vektor kloniert. Nach anschließender Transformation von *E.coli* TOP10-Zellen wurden eine Kolonie-PCR durchgeführt, um positive Klone zu identifizieren. Die Plasmide der positiven Klone wurden mittels DNA-Maxipräparation isoliert und durchsequenziert.

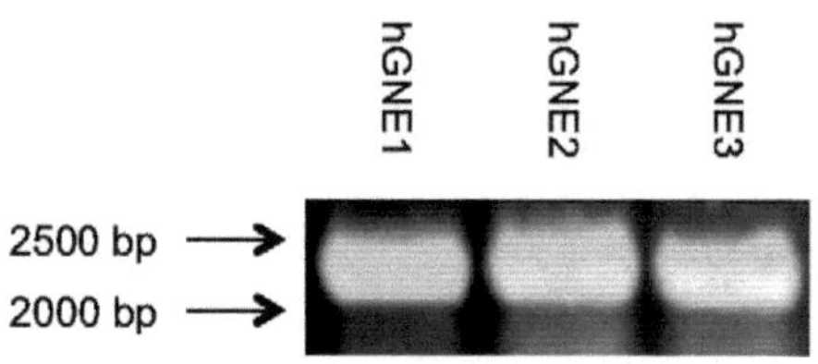

Abbildung 37: Amplifikation der cDNA-Konstrukte der GNE-Isoformen.

Anschließend wurden *BJA-B* K20-Zellen, ein GNE-defizienter Subklon dieser humanen B-Lymphom-Zelllinie, mittels Elektroporation transfiziert. Nach 48 Stunden wurde ein Teil der Zellen geerntet, aufgeschlossen und auf ihre Aktivität hin durch den radiometrischen Epimeraseassay untersucht. Der zweite Teil der transfizierten Zellen wurde für 14 Tage durch Zugabe von Geneticin (G418) selektioniert. Nach der Selektion wurde wiederum die Epimeraseaktivität der jeweiligen GNE-Pools bestimmt. Anschließend wurden einzelne Zellklone durch limitierte Verdünnung isoliert. Nach Erreichen einer definierten Zellzahl wurden die Klone ebenfalls auf ihre Aktivität hin überprüft. Die *BJA-B* K20-Zellen konnten mit den human GNE-Isoformen stabil transfiziert werden (Abb. 38).

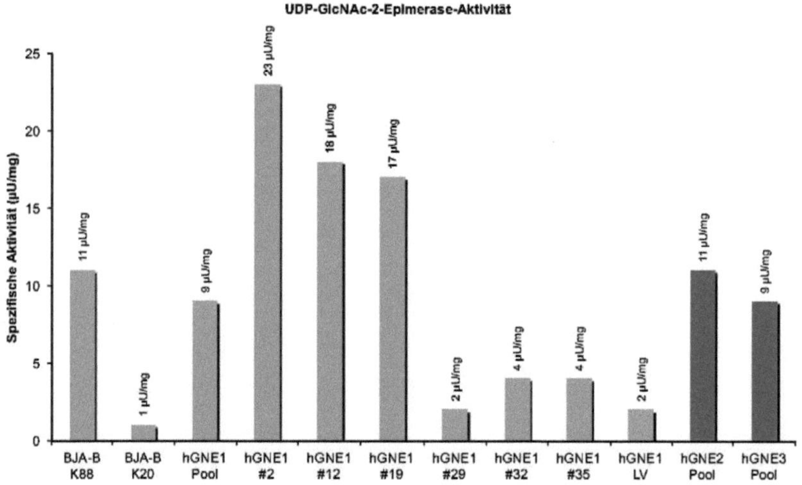

Abbildung 38: Radiometrischer UDP-GlcNAc-2-Epimerase-Assay der hGNE-Pools und einzelner hGNE1-Klone. Die Klone #2, #12 und #19 exprimieren stabil hGNE1. Der hGNE2- und hGNE3-Pool zeigen Epimeraseaktivität.

In den Pools von hGNE1, hGNE2 und hGNE3 konnte GNE-Aktivität gegenüber den untransfizierten und den mit Leervektor (LV) transfizierten Zellen nachgewiesen werden. Als Positivkontrolle dienten *BJA-B* K88-Zellen, die endogene GNE1 besitzen. Es war weiterhin möglich stabile Zellklone (#2, #12 und #19) aus dem hGNE1-Pool zu isolieren und zu einer stabilen Zelllinie zu etablieren. Für die einzelnen hGNE1-Klone konnte eine signifikante spezifische Epimeraseaktivität nachgewiesen werden (Abb. 38). Während für die *BJA-B K88*-Zellen eine spezifische Aktivität von 11 µU/mg bestimmt wurde, lagen die Klone hGNE1 #2 (23 µU/mg), hGNE1 #12 (18 µU/mg) und hGNE1 #19 (17 µU/mg) in ihrer spezifischen Aktivität um bis zu das Doppelte höher als die *BJA-B* K88-Zellen. Allerdings war es nicht möglich aus dem hGNE2- bzw. hGNE3-Pool stabile Zelllinien zu etablieren.
Zur Verifizierung der Ergebnisse sollte die Proteinexpression in den Zellen nachgewiesen werden. Dazu wurden Lysate der einzelnen Zelllinien hergestellt und in einem Western-Blot mit immunologischem Proteinnachweis analysiert. Allerdings war dies aufgrund einer zu niedrigen Expressionsrate und eines relativ unspezifischen Antikörpers nicht möglich. Stattdessen wurden die Zellen lysiert und die mRNA isoliert. In einer mit GNE-spezifischen Primern durchgeführten PCR sollte nachgewiesen werden, daß mit der Transfektion ein dauerhafter Einbau der GNE-DNA in das *BJA-B*-Genom stattgefunden hat. Die RNA wurde mit Hilfe der Reversen Transkriptase über Oligo-dT-Primer in cDNA umgeschrieben, die wiederum als Template für die PCR diente. Für die Amplifikation wurde der Forward-Primer SZGNE1-For, sowie der Reverse-Primer hGNEA-Rev eingesetzt. Als Kontrolle wurden der Forward-Primer bact1546s und der Reverse-Primer bact2553r für eine Amplifikation eingesetzt. Die PCR-Produkte wurden in einer Agarose-Gelelektrophorese analysiert (Abb. 39). Die in dem radiometrischen UDP-GlcNAc-2-Epimerase-Assay positiven Klone (#2, #12, #19) zeigen auch in der Agarose-Gelelektrophorese ein positives Signal.
Anschließend wurde mittels FACS-Analyse die Sialylierung von Glycokonjugaten an der Zelloberfläche untersucht. Da die drei humanen Isoformen unterschiedliche Epimeraseaktivitäten zeigen, sollte auch davon ausgegangen werden, daß ein dadurch verursachter unterschiedlicher intrazellulärer Sialinsäurepool in einer verschieden starken Oberflächensialylierung resultiert. Die verschiedenen Zelllinien wurden mit dem Lektin VVA (*Vicia villosa* agglutinin) behandelt, das mit einem Fluoreszenzfarbstoff gekoppelt ist. Es erkennt endständige Galactosen. Das Histogramm (Abb. 40) der FACS-Analyse mit

dem VVA-Lektin zeigt, daß die hGNE1-Klone #2, #12 und #19 weniger endständige Galactose-Reste auf Glycokonjugaten aufweisen als der nicht stabil exprimierende hGNE1-Klon #29 und die untransfizierten GNE-defizienten *BJA-B* K20-Zellen. Daraus folgt, daß die stabil exprimierenden hGNE1-Klone #2, #12 und #19 mehr Sialinsäuren auf Glyco-konjugaten der Zelloberfläche präsentieren.

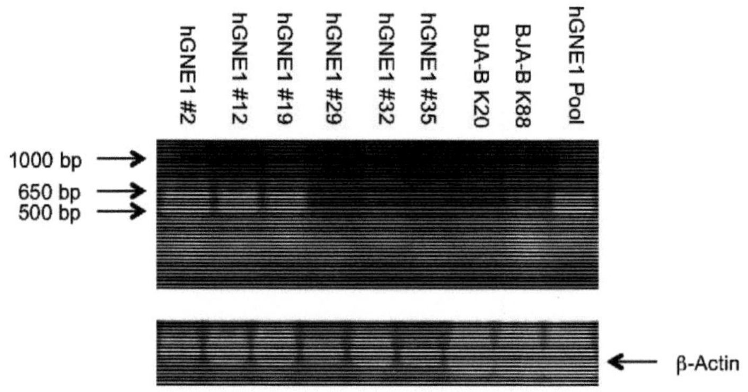

Abbildung 39: PCR-Analyse der mit hGNE1 transfizierten *BJA-B*-Zelllinien. Im hGNE1-Pool und hGNE1 #2, #12 und #19 konnte eine Bande detektiert werden. Als Positivkontrolle dienten *BJA-B* K88-Zellen. Um das Fehlen von mRNA bzw. cDNA auszuschließen, wurde in allen Proben β-Actin nachgewiesen.

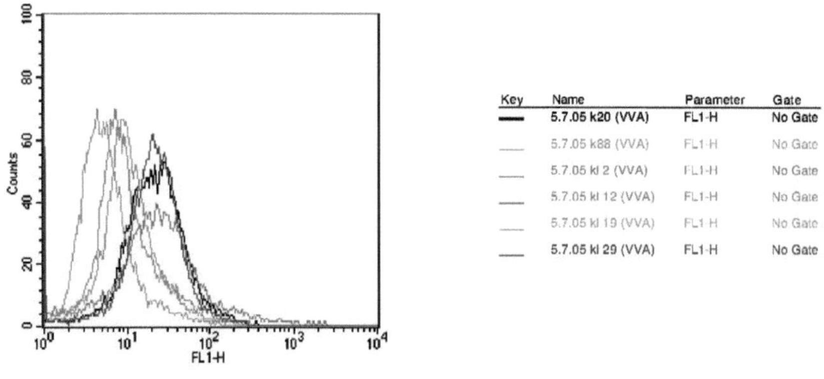

Abbildung 40: Histogramm der FACS-Analyse mit VVA-Lektin. Die in den vorherigen Experimenten als positiv getesteten hGNE1-Klone #2, #12 und #19 präsentieren weniger endständige Galactose-Reste auf ihren Glycokonjugaten der Zelloberfläche.

3.1.8. Expression und Charakterisierung eines GNE2-Hybridproteins

Um den Einfluß des N-Terminus von hGNE2 bzw. mGNE2 auf die funktionelle Epimeraseaktivität genauer zu untersuchen, wurde der N-Terminus von hGNE2 mit dem von mGNE2 ausgetauscht. Da im Übergang von Exon A1 zu Exon 2 keine adäquaten Schnittstellen für Restriktionsenzyme vorhanden waren, wurden die ersten 105 Aminosäuren von hGNE2 durch die von mGNE2 ersetzt (Abb 41). Für den Austausch mußte eine AleI-Schnittstelle geschaffen werden, weshalb ein Nucleotidaustausch von T nach g in Position 321 der cDNA von mGNE2 nötig war. Um zu gewährleisten, daß die ersten 31 Aminosäuren mGNE2 entsprechen und die restlichen Aminosäuren hGNE2, mußte ein weiterer Nucleotidaustausch von C nach A in Position 203 der cDNA von mGNE2 durchgeführt werden. Das hatte ein Aminosäureaustausch von Alanin (A) in Glutamat (E) an der Position 68 zur Folge. Jegliche anderen Unterschiede der cDNA-Sequenzen im gewählten Abschnitt von mGNE2 zu hGNE2 führten zu stillen Mutationen. Für die erste Mutagenese-PCR wurde der Forward-Primer MutHybrid1-For und der Reverse-Primer MutHybrid1-Rev verwendet, für die zweite Mutagenese-PCR der Forward-Primer MutHybrid2-For und der Reverse-Primer MutHybrid2-Rev. Als Template für die erste PCR wurde der pFASTBAC™ 1-mGNE2-Vektor (siehe oben) eingesetzt. Nach anschließender Transformation von *E.coli* TOP10-Zellen und Plasmid-DNA-Isolation wurde das Konstrukt zur Kontrolle durchsequenziert. Der N-Terminus von mGNE2 wurde mit den Restriktionsenzymen SalI und AleI (NEB) ausgeschnitten und in den pFASTBAC™ 1-hGNE2-Vektor (siehe oben) ligiert. Nach anschließender Transformation von *E.coli* TOP10-Zellen und Plasmid-DNA-Isolation wurde das GNE2-Hybridgen mit den Restriktionsenzymen SalI und KpnI aus dem pFASTBAC™ 1-Vektor ausgeschnitten und in den pUMVC3-Vektor ligiert. Nach anschließender Transformation von *E.coli* TOP10-Zellen wurden die Plasmide isoliert und ansequenziert. GNE-defiziente *CHO*-Zellen (Lec3) wurden mit der Plasmid-DNA mittels TransFectin™ transient transfiziert. Als Kontrolle wurden *CHO*-Lec3-Zellen mit hGNE2 und mGNE2 transfiziert. Nach 48 Stunden wurden die Zellen geerntet und aufgeschlossen. Mit den Lysaten wurde ein radiometrischer UDP-GlcNAc-2-Epimerase-Assay durchgeführt. Für das GNE2-Hybridprotein und hGNE2 konnten keine Epimeraseaktivitäten nachgewiesen werden (Daten nicht gezeigt). In einem parallelen Kontrollansatz konnte für mGNE2 eine ähnliche Epimeraseaktivität, wie aus den vorherigen transienten Transfektionen (siehe 3.1.6.) ermittelt werden.

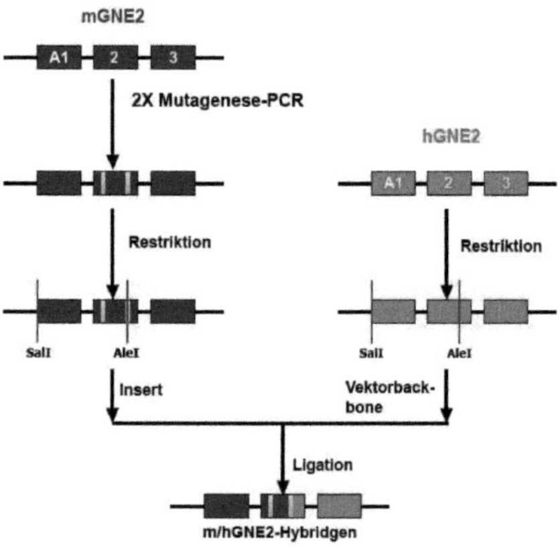

Abbildung 41: Schematische Darstellung der Herstellung der cDNA des GNE2-Hybridproteins. Dargestellt sind die N-Termini von mGNE2 bzw. hGNE2 mit den Exons A1, 2 und 3. Im Exon 2 wurden die Mutationen eingefügt. Der N-Terminus von mGNE2 (Insert) wurde in den hGNE2-Vektor (Vektor-Backbone) ligiert.

3.2. Untersuchungen zu Protein-Protein-Interaktionen der GNE

3.2.1. Valosin-Containing-Protein (VCP, p97)

Das bei der erblichen Einschlußkörperchenmyositis (h-IBM) krankheits-verursachende Gen ist das der GNE. Bestimmte Mutationen in der GNE können eine verminderte Oberflächensialylierung zur Folge haben (Noguchi *et al.*, 2004; Huizing *et al.*, 2004). Diese Hyposialylierung könnte Auslöser der Krankheit sein und einem ähnlichen Mechanismus zu Grunde liegen, wie er schon für die Hypo-O-Mannosylierung des α-Dystroglycans beschrieben wurde (Michele *et al.*, 2002). Die GNE existiert in mehreren Isoformen und es wird spekuliert, daß auch ihre unterschiedliche gewebsspezifische Verteilung verantwortlich für den Ausbruch der Krankheit sein kann. Die Ursache der h-IBM muß aber nicht unbedingt in der Biosynthese der Sialinsäuren zu finden sein. Es kann auch die Störung der Interaktion zwischen der GNE und potentieller Interaktionspartner ein Auslöser der Krankheit sein. Im zweiten Teil dieser Arbeit sollten mögliche Interaktionspartner der GNE näher untersucht werden. Bei einer der h-IBM phänotypisch ähnlichen Erkrankung, der IBMPFD, wurden sechs Mutationen im Gen des Valosin-Containing-Proteins (VCP) identifiziert und diese als krankheitsverursachend angesehen (Watts *et al.*, 2004). VCP ist ein 97 kDa großes, homohexameres Protein, welches evolutionär hochkonserviert ist. Als VCP kommt es in Säugetieren und Pflanzen, als VAT in Archaebakterien, als CDC48 in Hefen sowie als p97 in *Xenopus* vor. Es gehört zu den Typ II AAA ATPasen (ATPases associated with a variety of activities) (Wang *et al.*, 2004), und ist in eine Vielzahl von Prozessen, wie Regulation des Zellzyklus und Suppression der Apoptose involviert. Außerdem findet es seine Funktion im Ubiquitin-Proteasom vermittelten Proteinabbauweg. Desweiteren kann es als Chaperon und Transkriptionsfaktor fungieren. Im Rahmen dieser Arbeit wurde VCP mittels BAC-TO-BAC®-Baculovirus-Expressionssystem in *Sf900*-Zellen exprimiert. Mit den exprimierten Proteinen und hGNE1-Konstrukten wurden anschließend *Pull-down*-Versuche, Co-Transfektionen und Co-Immunpräzipitationen durchgeführt.

3.2.2. Expression und Reinigung des humanen VCP-Proteins

Mit bereits vorhandener Bacmid-DNA (Lisewski, 2005) wurden Insektenzellen transfiziert. Nach Herstellung des Baculovirus, der VCP als GST-Fusionsprotein exprimiert, und dessen zweimaliger Amplifikation wurden die Proteinexpressionen in *Sf900*-Zellen durchgeführt. Nach einer Infektionszeit von 48-72 h wurden die Zellen durch Zentrifugation pelletiert und je nach Volumina mittels einer Spritze oder durch die French-Press aufgeschlossen. Die nach einer weiteren Zentrifugation erhaltene lösliche Fraktion wurde über eine „Glutathion-Sepharose 4B MicroSpin"-Säule chromatographiert. Die resultierenden proteinhaltigen Fraktionen wurden anschließend in einer Western-Blot-Analyse mit einem α-GST-Antikörper analysiert. Humanes VCP wurde in *Sf900*-Zellen überexprimiert und über die Glutathion-Sepharose aufgereinigt (Abb. 42).

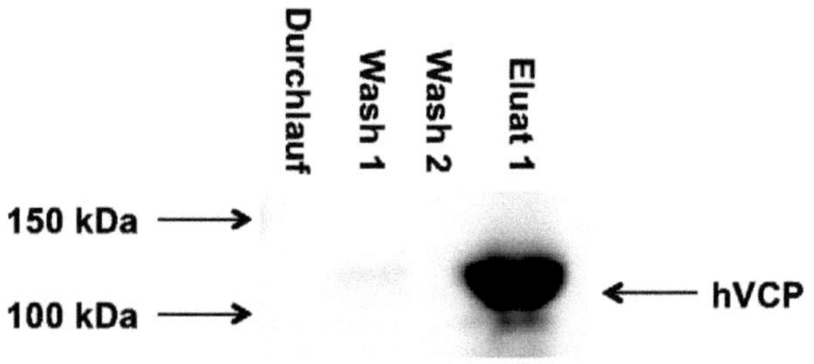

Abbildung 42: α-GST-Immunoblot der Aufreinigung von GST-VCP. GST-VCP konnte in Insektenzellen exprimiert und über eine Affinitätschromatographie aufgereinigt werden. Im Eluat 1 war GST-VCP-Protein nachzuweisen.

3.2.3. *Pull-down*-Versuche mit GNE und VCP

Im Hinblick auf die erbliche Einschlußkörperchenmyositis (h-IBM) wurden *Pull-down*-Experimente durchgeführt. Humanes VCP wurde als GST-Fusionsprotein (GST-VCP), verschiedene GNE-Konstrukte wurden als His-Fusionsproteine (His-GNE) in Insektenzellen exprimiert. Es wurde mit N-terminale His-getagter hGNE1, N-terminal, His-getagter hGNE1 M712T, der häufigsten GNE-Variante mit h-IBM-typischer Mutation, und mit C-terminal His-getagter hGNE1 gearbeitet. Als Kontrolle diente das GST-Protein. Das GST-VCP-Fusionsprotein sollte über seine Affinität zu Glutathion an die Säule binden. Interagieren die hGNE1-Varianten mit dem VCP, so sollten die hGNE1-Varianten und das VCP mittels α-His- bzw. α-GST-Antikörper im Eluat nachgewiesen werden. GNE- bzw. VCP-spezifische Antikörper waren nicht verfügbar. Die Proteinexpression wurde in *Sf900*-Zellen durchgeführt. Nach einer Infektionszeit von 48-72 h wurden die Zellen durch

Zentrifugation pelletiert, aliquotiert und mittels einer Spritze in einem hypotonen Puffer aufgeschlossen. Die durch Zentrifugation entstandene lösliche Fraktion von GST-VCP wurde über eine „Glutathion-Sepharose 4B MicroSpin"-Säule chromatographiert. Die Säulen wurden gewaschen, die His-GNE-Lysate wurden über die Säulen gegeben, inkubiert, gewaschen und eluiert. Die Eluate wurden in Western-Blots mit anschließendem immunologischen Proteinnachweis analysiert. Es wurden sechs *Pull-down*-Experimente durchgeführt. Da die Ergebnisse für alle GNE-Konstrukte gleich waren, wurde nur eines in der nachfolgenden Abbildung exemplarisch dargestellt (Abb. 43). In den Eluaten konnten GST-VCP und GST im α-GST-Immunoblot nachgewiesen werden. Die Expression und das Binden an die Säule waren somit für beide Proteine erfolgreich. In den α-His-Immunoblots wurden keine Banden für die einzelnen GNE-Varianten detektiert, obwohl die GNE-Expressionen durch einen colorimetrischen Epimerase-Assay nachgewiesen werden konnte (Daten nicht gezeigt), was den Schluß zuläßt, daß unter diesen experimentellen Bedingungen keine Interaktion stattgefunden hat.
Als nächstes sollte der *Pull-down* als umgekehrter Ansatz durchgeführt werden. Die Zellen wurden analog den vorherigen Versuchen präpariert. Zunächst wurden die hGNE1-Varianten an Ni-NTA-Agarose gebunden und gewaschen. Danach wurden das GST-VCP- und das GST-Lysat über die Säulen gegeben, inkubiert, gewaschen und eluiert. Zur Kontrolle wurden das GST-VCP- und das GST-Lysat auf die freie, ungebundene Ni-NTA-Agarose gegeben. Die Eluate wurden wiederum in Western-Blots mit anschließendem immunologischen Proteinnachweis analysiert. Sowohl der α-His-Immunoblot als auch der colorimetrische Epimerase-Assay zeigen, daß die His-GNE1-Varianten exprimiert wurden und an die Ni-NTA-Agarose gebunden haben. Im α-GST-Immunoblot konnten ebenfalls Banden detektiert werden. Man kann aber erkennen, daß sowohl GST-VCP als auch GST an die Ni-NTA-Agarose binden. GST besitzt offensichtlich eine hohe Affinität zum Ni-NTA-Liganden. Deshalb ist die GST-VCP-Bande, die im Eluat detektiert wurde, nicht aussagekräftig. Da auch hier die Ergebnisse für alle GNE-Konstrukte gleich sind, wurde in der nachfolgenden Abbildung exemplarisch nur ein *Pull-down*-Experiment dargestellt (Abb. 44).

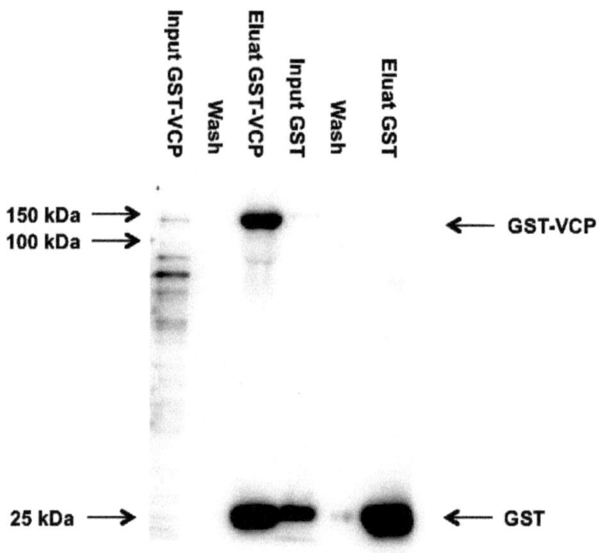

Abbildung 43: α-GST-Immunoblot des GST-*Pull-downs* mit GST-VCP und C-terminal His-getagtem hGNE1. VCP wurde als GST-Fusionsprotein (GST-VCP) und hGNE1 als C-terminales His-Fusionsprotein (GNE-His) in *Sf900*-Zellen exprimiert. Als Kontrolle wurde GST exprimiert. In den Eluaten sind GST-VCP bzw. GST nachweisbar. In dem α-His-Immunoblot waren keine Banden für hGNE1 detektierbar.

Auch in diesem Versuch konnte keine eindeutige Interaktion nachgewiesen werden. Die beiden *Pull-down*-Versuche wurden mit dem gleichen Ergebnis wiederholt. Daher wurden die Expressionsbedingungen der *Pull-down*-Versuche variiert. Um entweder ionische oder hydrophobe Wechselwirkungen bei der Protein-Protein-Interaktion zu verstärken, wurde zum einen unter isotonen und zum anderen unter hypertonen Pufferbedingungen gearbeitet (150 mM bzw. 300 mM NaCl). Sowohl das GST-VCP- als auch das GST-Lysat wurden an die Glutathion-Sepharose gebunden und die GNE-Varianten wurden dazugegeben. Umgekehrt wurden die GNE-Varianten an die Ni-NTA-Agarose gebunden und GST-VCP bzw. GST wurden dazugegeben. Die Western-Blots (Abb. 45) zeigen das gleiche Ergebnis wie die vorherigen Versuche. Es ist keine eindeutige Interaktion zwischen VCP und hGNE1 nachzuweisen. Das läßt den Schluß zu, daß weder verstärkte ionische noch verstärkte hydrophobe Wechselwirkungen die Interaktion zwischen den Proteinen bewirken können.

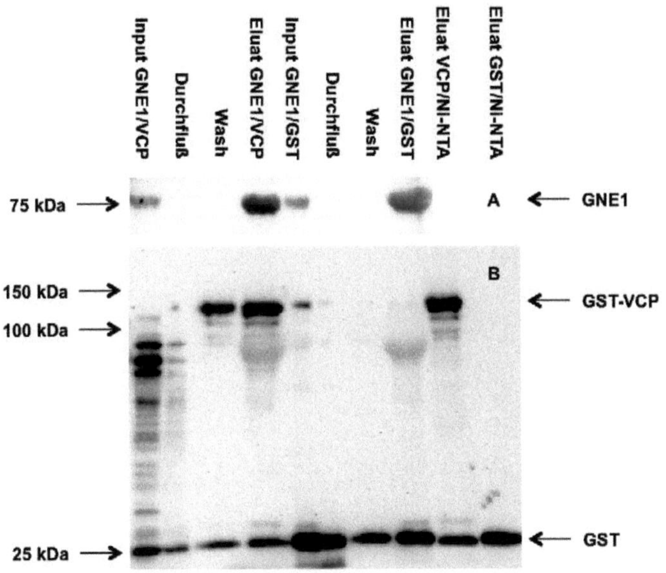

Abbildung 44: (A) α-His-Immunoblot des His-*Pull-downs* mit GST-VCP bzw. GST und hGNE1-C-His. hGNE1-C-His wurde exprimiert und an die Ni-NTA-Agarose gebunden. **(B) α-GST-Immunoblot des His-*Pull-downs* mit GST-VCP bzw. GST und hGNE1-C-His.** In den Eluaten sind GST-VCP bzw. GST nachweisbar. In den letzten beiden Proben ist zu sehen, daß GST-VCP bzw. GST an Ni-NTA-Agarose binden. Es findet keine Interaktion statt.

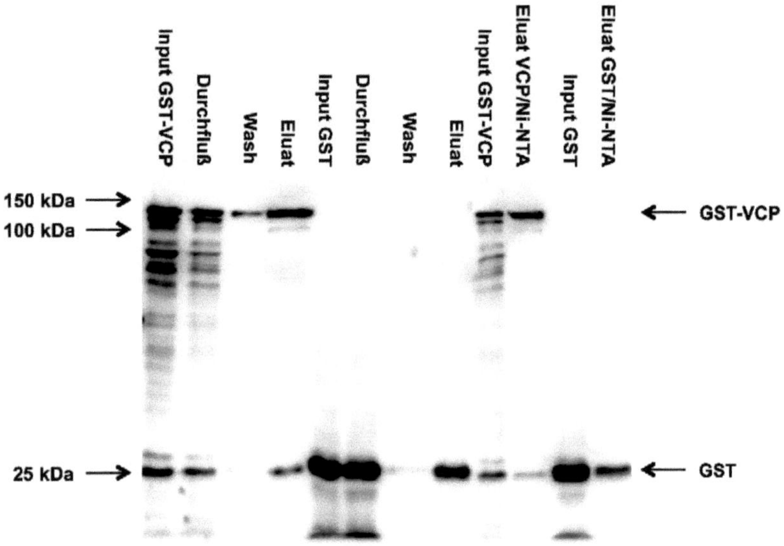

Abbildung 45: α-GST-Immunoblot des *Pull-downs* mit GST-VCP bzw. GST und hGNE1-C-His. In den Eluaten sind GST-VCP bzw. GST nachweisbar. In der drittletzten und letzten Probe ist zu sehen, daß GST-VCP bzw. GST an Ni-NTA-Agarose binden. Es findet keine Interaktion statt. hGNE1-C-His wurde exprimiert und an die Ni-NTA-Agarose gebunden (α-His-Immunoblot nicht gezeigt). hGNE1-Expression durch colorimetrischen Epimerase-Assay nachgewiesen.

3.2.4. Co-Transfektion von Insektenzellen mit VCP und hGNE1

Zu Beginn wurden *Sf900*-Zellen mit humanem GST-VCP bzw. als Kontrolle mit GST und C-terminal His-getagtem hGNE1 co-transfiziert. Nach einer Inkubation von 48-72 Stunden wurden die Zellen durch Zentrifugation geerntet, in einem hypertonen Puffer (300 mM NaCl) aufgeschlossen und die Lysate wurden zum einen über eine „Glutathion-Sepharose 4B MicroSpin"-Säule und zum anderen über Ni-NTA-Agarose aufgereinigt. Abschließend wurden die Eluate mittels Western-Blot mit anschließendem immunologischen Proteinnachweis mit α-His- und α-GST-Antikörper analysiert. GST-VCP und GST ließen sich gut über die Glutathion-Säulen aufreinigen (Abb. 46A), wohingegen für hGNE1-His keine Banden detektiert werden konnten. Die GNE-Expression konnte aber durch einen colorimetrischen Epimerase-Assay nachgewiesen werden. Im Gegensatz dazu konnte hGNE1-His gut über die Ni-NTA-Agarose aufgereinigt werden, jedoch im gleichen Eluat konnte kein GST-VCP bzw. GST nachgewiesen werden (Abb. 46B). Mit diesem Experiment ließ sich unter den gegebenen Bedingungen keine Interaktion zwischen VCP und GNE1 nachweisen. Generell waren durch die Co-Transfektion die Expressionsraten der Proteine wesentlich geringer.

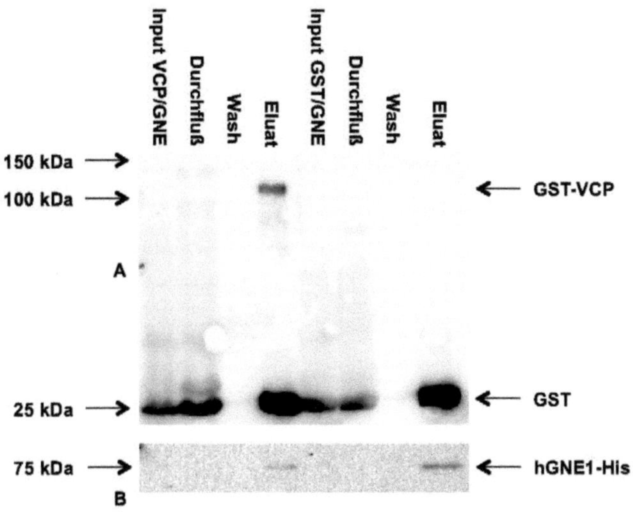

Abbildung 46: (A) α-GST-Immunoblot von über Glutathion-Sepharose aufgereinigten Lysaten der mit GST-VCP bzw. GST und hGNE1 co-transfizierten *Sf900*-Zellen. In den Eluaten sind GST-VCP bzw. GST nachweisbar. Für hGNE1 konnten keine Banden detektiert werden. **(B) α-His-Immunoblot von über Ni-NTA-Agarose aufgereinigten Lysaten der mit GST-VCP bzw. GST und hGNE1 co-transfizierten *Sf900*-Zellen.** hGNE1 bindet an das Säulenmaterial und ist in den Eluaten nachweisbar. In den gleichen Eluaten konnte jedoch kein GST-VCP bzw. GST nachgewiesen werden. Unter diesen experimentellen Bedingungen scheint keine Interaktion stattzufinden.

3.2.5. Analyse der Interaktion zwischen human VCP und GNE mittels Co-Immunpräzipitation (Co-IP)

Mittels Co-Immunpräzipitation (Co-IP) können ebenfalls Protein-Protein-Interaktionen nachgewiesen werden. Mit Hilfe eines Antikörpers kann ein Protein mit samt seines Interaktionspartners aus einem Zelllysat präzipitiert werden. Das präzipitierte Protein und sein Interaktionspartner können anschließend in einer Western-Blot-Analyse nachgewiesen werden. Mit den Lysaten der co-transfizierten Insektenzellen (GST-

VCP/hGNE1 bzw. GST/hGNE1) wurde eine Co-IP durchgeführt. Die nach einer Zentrifugation erhaltenen Zellpellets wurden mit einem hypertonen (300 mM NaCl) Puffer aufgeschlossen. Um unspezifische Bindungen zu verhindern, wurden die nach einer weiteren Zentrifugation erhaltenen Lysate mit Protein G-Sepharose inkubiert. Daraufhin wurden die Lysate zuerst mit dem α-His-Antikörper und danach wiederum mit der Protein G-Sepharose inkubiert. Nach entsprechenden Waschschritten wurde die mit den Proteinen beladene Protein G-Sepharose pelletiert, abschließend mit SDS-Probenpuffer versetzt und mittels Western-Blot analysiert. hGNE1 konnte über die Co-IP gut präzipitiert werden, im α-His-Western-Blot (Abb. 47) ist im Eluat eine deutliche Bande sichtbar, jedoch konnte im α-GST-Western-Blot (Blot nicht gezeigt) kein GST-VCP bzw. GST nachgewiesen werden. Auch dieses Experiment suggeriert, daß keine Interaktion zwischen VCP und hGNE1 existiert. Die Expressionsraten der Proteine waren auch hier wesentlich geringer. Weder andere Virusklone, noch Variationen in der Viruskonzentration oder Änderungen bei den Inkubationszeiten führten zu einer deutlichen Erhöhung der Expressionsrate.

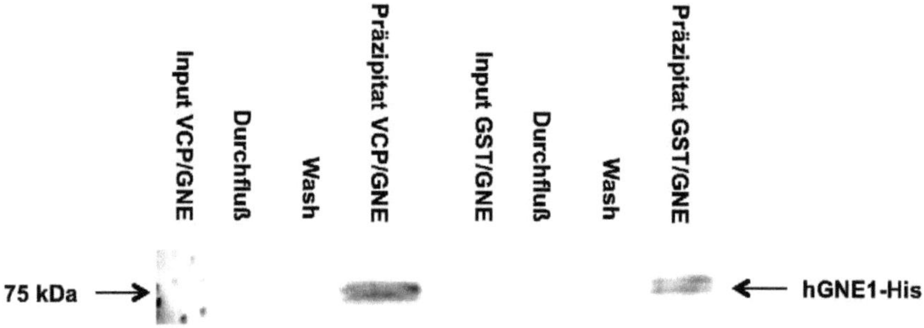

Abbildung 47: α-His-Immunoblot von Co-IP-Präzipitaten der Lysate von co-transfizierten *Sf900*-Zellen. hGNE1 konnte mittels Protein G-Sepharose präzipitiert werden und ist im Präzipitat nachweisbar. Es ist eine deutliche Bande sichtbar. Im α-GST-Immunoblot konnte in den Präzipitaten kein GST-VCP bzw. GST nachgewiesen werden. Auch dieses Experiment deutet auf keine Interaktion zwischen den einzelnen Proteinen hin.

Daraufhin wurden humanes GST-VCP und hGNE1-His einzeln in *Sf900*-Zellen exprimiert. Als Kontrolle wurde nur GST in *Sf900*-Zellen exprimiert. Das nach einer Zentrifugation erhaltene Zellpellet wurde mit einem hypertonen (300 mM NaCl) Puffer aufgeschlossen. Um unspezifische Bindungen zu verhindern, wurde das nach einer weiteren Zentrifugation erhaltene GNE-Lysat mit Protein G-Sepharose inkubiert. Daraufhin wurde das GNE-Lysat zuerst mit dem α-His-Antikörper und danach wiederum mit der Protein G-Sepharose inkubiert. Die mit den Proteinen beladene Protein G-Sepharose wurde pelletiert und anschließend mit dem VCP- und dem GST-Lysat versetzt. Nach einer weiteren Inkubation und entsprechenden Waschschritten wurde die Protein G-Sepharose abschließend mit SDS-Probenpuffer versetzt und mittels Western-Blot analysiert (Abb. 48). In beiden Präzipitaten war GNE1 nachzuweisen. In dem Präzipitat der Co-IP mit GST-VCP konnte mit dem α-GST-Antikörper nachgewiesen werden, daß GST-VCP vorhanden ist. Ebenso konnte aber auch in dem Präzipitat der Co-IP mit dem GST-Lysat GST nachgewiesen werden. Dies deutet daraufhin, daß GST unspezifisch mit dem α-His-Antikörper oder mit der Protein G-Sepharose interagiert, aber keine Interaktion zwischen VCP und GNE1 stattfindet.

3.2.6. Oxidation Resistance Protein 1 (Oxr1)

Yeast-Two-Hybrid-Screens ergaben, daß auch Oxr1 ein Interaktionspartner der GNE sein kann (persönliche Mitteilung, Stella Mitrani-Rosenbaum). Das Oxr1-Protein ist in eukaryontischen Organismen evolutionär konserviert (Elliot *et al.*, 2004). Die Oxr1-Gene der einzelnen Spezies codieren Proteine mit unterschiedlichen Größen, die aber alle über eine konservierte 300 Aminosäure-große C-terminale Domäne verfügen. Die unterschiedlichen Transkripte werden gewebsspezifisch exprimiert. Es ist weiterhin bekannt, daß das humane Oxr1-Protein im Cytoplasma zum einen in einem speziellen Kompartiment um die Kernperipherie herum lokalisiert ist und zum anderen mit den Mitochondrien assoziiert. Es hat Funktionen im Schutz vor und in der Reparatur von oxidativen Schäden. Die Expression dieses Proteins wird durch Hitze und oxidativen Streß induziert (Elliot *et al.*, 2004).

Im Rahmen dieser Arbeit sollte Oxr1 kloniert und in *E.coli* BL21-Zellen bzw. mittels dem BAC-TO-BAC®-Baculovirus-Expressionssystem in *Sf900*-Zellen exprimiert werden. Mit den exprimierten Proteinen und hGNE1-Konstrukten sollten anschließend *Pull-down*-Versuche durchgeführt werden.

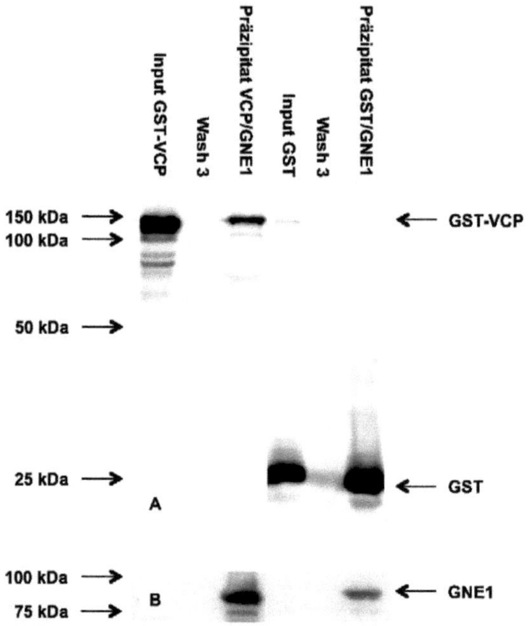

Abbildung 48: Western-Blot-Analysen von Co-IP-Präzipitaten der Lysate von einzeln mit GST-VCP bzw. GST und hGNE1 transfizierten *Sf900*-Zellen. (A) α-GST-Immunoblot der Co-IP: GST-VCP bzw. GST wurden exprimiert und sind in den Präzipitaten nachweisbar. (B) α-His-Immunoblot der Co-IP: hGNE1 wurde exprimiert, hat an den α-His-Antikörper gebunden und ist im Präzipitat nachweisbar. GST interagiert unspezifisch mit dem α-His-Antikörper oder mit der Protein G-Sepharose. Es findet keine Interaktion statt.

3.2.7. Klonierung der humanen Oxr1-cDNA

Humanes Oxr1 sollte als GST-Fusionsprotein sowohl in *E.coli-* als auch in *Sf900*-Zellen exprimiert werden. Für die Amplifikation der Oxr1-cDNA wurde der kommerziell erhältliche Klon IRATp970F1055D6 (RZPD, Deutsches Resourcenzentrum für Genomforschung; Berlin, Deutschland) als Template eingesetzt. Bei der Überprüfung der cDNA-Sequenz des RZPD-Klons wurde ein zweites alternatives Startcodon identifiziert. Dies hat zur Folge, daß die cDNA für zwei Isoformen, eine lange (Oxr1 long, 94 kDa) und eine kurze (Oxr1 short, 85 kDa), des Oxr1-Proteins codieren kann. Es wurden die degenerierten Primer Oxr1 long-For bzw. Oxr1 short-For und Oxr1-Rev eingesetzt, die weiterhin die Erkennungssequenzen der Restriktionsenzyme EcoRI bzw. NotI enthalten. Die PCR-

Produkte wurden ausgeschnitten, extrahiert und in den pCR®2.1-TOPO-Vektor ligiert. Nach anschließender Transformation von *E.coli* TOP10-Zellen wurde eine Kolonie-PCR durchgeführt, um positive Klone zu identifizieren. Die Plasmide der positiven Klone wurden isoliert. Da die Oxr1-cDNA eine interne EcoRI-Schnittstelle aufweist, wurde mit den Primern Mut Oxr1-For und Mut Oxr1-Rev eine Mutagenese-PCR durchgeführt und damit eine stille Mutation eingefügt. Nach dem DpnI-Verdau wurden die PCR-Produkte extrahiert, *E.coli* TOP10-Zellen wurden transformiert, Plasmide isoliert und ansequenziert. Nach Bestätigung der DNA-Sequenzen wurden die Inserts mit EcoRI und NotI ausgeschnitten und sowohl in den pGEX™-4T-1-Vektor als auch in den pFASTBAC™ 1-Vektor ligiert. Es wurden wiederum *E.coli* TOP10-Zellen transformiert, Plasmide isoliert und sequenziert. Nach Bestätigung der cDNA-Sequenzen wurden abschließend zum einen *E.coli* BL21 (DE3)-Zellen und zum anderen *E.coli* DH10BAC™-Zellen für die Herstellung der Bacmid-DNA transformiert. Bei der cDNA-Sequenzierung stellte sich jedoch heraus, daß Oxr1 long im pFASTBAC™ 1-GST-Vektor mehrere Mutationen aufwies. Aus Zeitgründen wurde deshalb im Insektenzellsystem nur mit Oxr1 short weitergearbeitet.

3.2.8. Expression und Reinigung der humanen Oxr1-Isoformen

Nach der Transformation von *E.coli* BL21 (DE3)-Zellen konnten Oxr1 long und Oxr1 short erfolgreich exprimiert werden. Für die Oxr1-Isoformen wurden jeweils mehrere BL21-Klone auf ihre Expressionsrate hin getestet. Nach der IPTG-Induktion wurden die Proteine über Nacht bei 16°C exprimiert. Dabei entsteht ein GST-Fusionsprotein, somit konnten die Proteine über eine „Glutathion-Sepharose 4B MicroSpin"-Säule aufgereinigt werden. Die anschließende SDS-PAGE-Analyse mit anschließender Silberfärbung zeigte für Oxr1 long bzw. für Oxr1 short eine prominente Bande bei einer Größe von etwa 160 kDa bzw. 140 kDa (Abb. 49). Eine Western-Blot-Analyse mit einem α-GST-Antikörper bestätigt die SDS-PAGE-Analyse.

Da die Größe der exprimierten Proteine nicht mit der aus den cDNA-Sequenzen vorhergesagten Größe übereinstimmt, wurden die Proteinbanden mittels Peptide-Mass-Fingerprint analysiert. Oxr1 long und short wurden in BL21 (DE3)-Zellen überexprimiert und über die Glutathion-Sepharose aufgereinigt. Die drei Banden (1, 2a und 2b; Abb. 50) wurden ausgeschnitten, entfärbt und tryptisch verdaut.

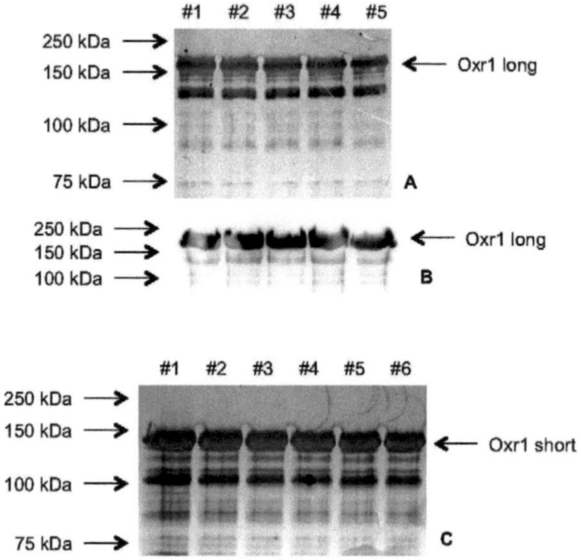

Abbildung 49: Überexpression der Oxr1-Isoformen in *E.coli* BL21-Zellen. (A) Die SDS-PAGE mit anschließender Silberfärbung zeigt, daß Oxr1 long in BL21-Zellen überexprimiert wurde. (B) Der α-GST-Western-Blot bestätigt die aus der vorherigen SDS-PAGE erhaltenen Ergebnisse. Oxr1 long wurde in BL21-Zellen überexprimiert. (C) Die SDS-PAGE mit anschließender Silberfärbung zeigt, daß Oxr1 short in BL21-Zellen überexprimiert wurde.

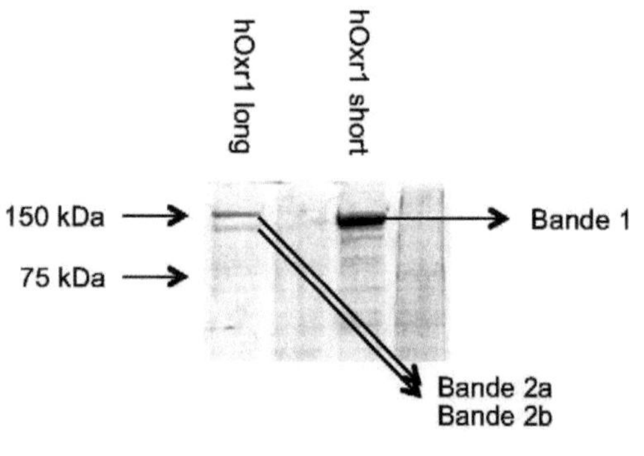

Abbildung 50: SDS-PAGE mit anschließender Coomassie-Färbung von in *E.coli* BL21-Zellen exprimierten Oxr1 long- bzw. Oxr1 short-Protein. Die Proteine wurden über Glutathion-Sepharose aufgereinigt und analysiert.

Der Peptide-Mass-Fingerprint führte zu dem Ergebnis, daß die Bande 1 Oxr1 short bzw. die Banden 2a und 2b Oxr1 long entsprechen. Beispielhaft ist das MALDI-MS-Spektrum (Abb. 51) dargestellt, welches für den tryptischen Verdau der Bande 1 aufgenommen wurde. Beschriftet sind nur die Massenpeaks, die später auch dem Protein human Oxr1 zugeordnet werden konnten. Für die Tatsache, daß zahlreiche andere Signale nicht zugeordnet werden können, gibt es mehrere Gründe wie z. B. mehrere überlesene Spaltstellen, unspezifische Spaltung, Modifikationen, Autolyse der Protease sowie Kontaminationen mit Keratin. Aus diesem Spektrum wird eine Peak-Liste extrahiert, mit der dann eine Internet-basierte Suche durchgeführt wird. Diese Suche ergab das oben genannte Ergebnis.

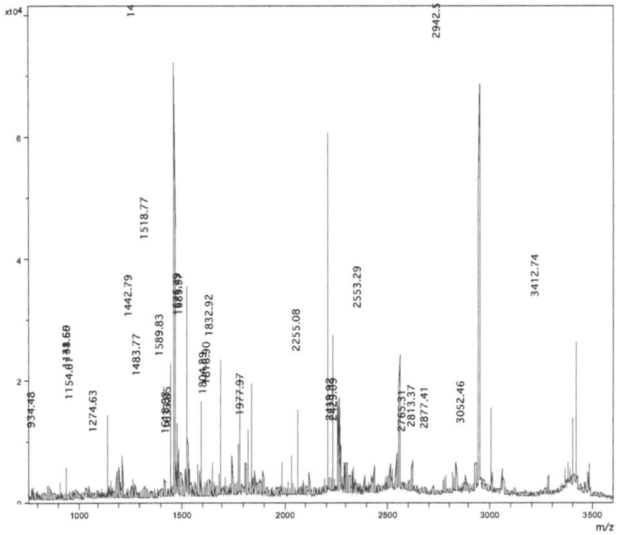

Abbildung 51: MALDI-MS-Spektrum von Oxr1 short. Die Bande 1 (s. Abb. 50) wurde tryptisch verdaut und anschließend in einer MALDI-MS analysiert. Beschriftet sind nur die Massenpeaks, die später auch dem Protein human Oxr1 zugeordnet werden konnten. Die MALDI-MS-Analysen wurden von Chris Weise durchgeführt, Mitarbeiter der AG Multhaup (Freie Universität Berlin, Institut für Biochemie).

```
  1 MSFQKPKGTI EYTVESRDSL NSIALKFDTT PNELVQLNKL FSRAVVTGQV
 51 LYVPDPEYVS SVESSPSLSP VSPLSPTSSE AEFDKTTNPD VHPTEATPSS
101 TFTGIRPARV VSSTSEEEEA FTEKFLKINC KYITSGKGTV SGVLLVTPNN
151 IMFDPHKNDP LVQENGCEEY GIMCPMEEVM SAAMYKEILD SKIKESLPID
201 IDQLSGRDFC HSKKMTGSNT EEIDSRIRDA GNDSASTAPR STEESLSEDV
251 FTESELSPIR EELVSSDELR QDKSSGASSE SVQTVNQAEV ESLTVKSEST
301 GTPGHLRSDT EHSTNEVGTL CHKTDLNNLE MAIKEDQIAD NFQGISGPKE
351 DSTSIKGNSD QDSFLHENSL HQEESQKENM PCGETAEFKQ KQSVNKGKQG
401 KEQNQDSQTE AEELRKLWKT HTMQQTKQQR ENIQQVSQKE AKHKITSADG
451 HIESSALLKE KQRHRLHKFL CLRVGKPMRK TFVSQASATM QQYAQRDKKH
501 EYWFAVPQER TDHLYAFFIQ WSPEIYAEDT GEYTREPGFI VVKKIEESET
551 IEDSSNQAAA REWEITTRED INSKQVATVK ADLESESFRP NLSDPSELLL
601 PDQIEKLTKH LPPRTIGYPW TLVYGTGKHG TSLKTLYRTM TGLDTPVLMV
651 IKDSDGQVFG ALASEPLKVS DGFYGTGETF VFTFCPEFEV FKWTGDNMFF
701 IKGDMDSLAF GGGGGEFALW LDGDLYHGRS HSCKTFGNRT LSKKEDFFIQ
751 DIEIWAFE
```

Abbildung 52: Sequenzabgleich zwischen den in der MALDI-MS-Analyse gefundenen Peptide und den Datenbankeinträgen. Die in der Datenbank gefundenen Peptide sind rot dargestellt. Es wurden 27 Peptide von Oxr1 gefunden, Etwa 46% der Aminosäuren von Oxr1 konnten identifiziert werden.

Für die Expression von Oxr1 short in Insektenzellen mußte zu Beginn der Baculovirus hergestellt werden. Dazu wurden *Sf9*-Zellen mit der Bacmid-DNA transfiziert. Nach fünftägiger Inkubation konnte der Kulturüberstand, indem sich der Virus befand, geerntet werden. Um den Titer des Virus zu erhöhen, erfolgte eine zweimalige Amplifikation des Transfektionsüberstands. Um zu überprüfen, ob geeigneter Virus für die Proteinexpression gebildet wurde, wurden die Zellen pelletiert, aufgeschlossen und das Lysat wurde mittels SDS-PAGE mit anschließender Silberfärbung analysiert. Bei drei Virusklonen konnte eine schmale Bande mit einer Größe von 120 kDa detektiert werden. Mit diesen Klonen wurde weitergearbeitet. Nach zweimaliger Virusamplifikation wurden schließlich die optimalen Expressionsbedingungen (Viruskonzentrationen) ermittelt. Dazu wurden Zellen mit unterschiedlichen Volumina an Virusstock infiziert. Die Zellen wurden wiederum pelletiert, aufgeschlossen und mittels SDS-PAGE mit anschließender Silberfärbung analysiert. Es waren keine Unterschiede bei den verschiedenen Virusmengen sichtbar, alle Proben wiesen die gleiche prominente Bande bei 120 kDa auf. Die Proteinexpression wurde in *Sf900*-Zellen durchgeführt. Nach einer Infektionszeit von 48-72 h wurden die Zellen durch Zentrifugation pelletiert und je nach Volumina mittels einer Spritze oder durch die French-Press aufgeschlossen. Die durch Zentrifugation entstandene lösliche Fraktion des Zelllysats wurde über eine „Glutathion-Sepharose 4B MicroSpin"-Säule chromatographiert. Die proteinhaltigen Eluate wurden anschließend in einer SDS-PAGE mit Silberfärbung und in einer Western-Blot-Analyse mit einem α-GST-Antikörper analysiert. Oxr1 short konnte in *Sf900*-Zellen überexprimiert und über die Glutathion-Sepharose aufgereinigt werden.

3.2.9. *Pull-down*-Versuche mit GNE und Oxr1

Humanes Oxr1 long und Oxr1 short wurden als GST-Fusionsprotein (GST-Oxr1 long bzw. GST-Oxr1 short) in *E.coli* BL21-Zellen exprimiert. hGNE1 wurde als C-terminal His-getagtes Fusionsprotein (hGNE1-His) in Insektenzellen exprimiert. Als Kontrolle diente das GST-Protein. Die GST-Oxr1-Fusionsproteine sollten über ihre Affinität zu Glutathion an die Säule binden. Interagiert hGNE1-His mit GST-Oxr1 long bzw. GST-Oxr1 short, so sollten hGNE1-His und GST-Oxr1 long bzw. GST-Oxr1 short mittels α-His- bzw. α-GST-Antikörper im Eluat nachgewiesen werden. Die Proteinexpression wurde in *Sf900*-Zellen durchgeführt. Nach einer Inkubationszeit von 48-72 h wurden die Zellen durch Zentrifugation pelletiert, aliquotiert und mittels einer Spritze in einem hypotonen Puffer aufgeschlossen. Die durch Zentrifugation entstandene lösliche Fraktion von GST-Oxr1 wurde über eine „Glutathion-Sepharose 4B MicroSpin"-Säule chromatographiert. Die Säulen wurden gewaschen, das hGNE1-His-Lysat wurde über die Säulen gegeben, inkubiert, gewaschen und eluiert. Die Eluate wurden in Western-Blots mit anschließendem immunologischen Proteinnachweis analysiert. In den Eluaten konnten GST-Oxr1 und GST im α-GST-Immunoblot nachgewiesen werden (Daten nicht gezeigt). Die Expression und das Binden an die Säule waren somit für beide Proteine erfolgreich. In den α-His-Immunoblots wurden keine Banden für hGNE1 detektiert, obwohl die hGNE1-Expressionen durch einen colorimetrischen Epimerase-Assay nachgewiesen werden konnte (Daten nicht gezeigt), was den Schluß zuläßt, daß unter diesen experimentellen Bedingungen keine Interaktion stattgefunden hat.

Als nächstes sollte der *Pull-down* als umgekehrter Ansatz durchgeführt werden. Die Zellen wurden analog den vorherigen Versuchen präpariert. Zunächst wurde die hGNE1 an Ni-NTA-Agarose gebunden und gewaschen. Danach wurden die GST-Oxr1-Lysate und das GST-Lysat über die Säulen gegeben, inkubiert, gewaschen und eluiert. Zur Kontrolle wurden die GST-Oxr1-Lysate und das GST-Lysat auch auf die freie, ungebundene Ni-NTA-Agarose gegeben. Die Eluate wurden wiederum in Western-Blots mit anschließendem immunologischen Proteinnachweis analysiert. Da für Oxr1 long bzw. Oxr1 short die Ergebnisse wieder gleich waren, wird hier nur ein Ergebnis exemplarisch gezeigt. Sowohl der α-His-Immunoblot (Abb. 53A) als auch der colorimetrische Epimerase-Assay zeigen, daß hGNE1 exprimiert wurde und an die Ni-NTA-Agarose gebunden hat. Im α-GST-Immunoblot konnten ebenfalls Banden detektiert werden (Abb. 53B). Man kann man aber erkennen, daß sowohl Oxr1 long bzw. Oxr1 short als auch das GST an die Ni-NTA-Agarose binden. GST besitzt eine schon vorher beobachtete Affinität zum Ni-NTA-Liganden. Deshalb sind die Oxr1 long- bzw. Oxr1 short-Banden, die im Eluat detektiert wurden, nicht aussagekräftig.

Auch in diesem Versuch konnte keine eindeutige Interaktion nachgewiesen werden. Daher wurden die Expressionsbedingungen der *Pull-down*-Versuche variiert. Um entweder ionische oder hydrophobe Wechselwirkungen bei der Protein-Protein-Interaktion zu verstärken, wurde zum einen unter isotonen und zum anderen unter hypertonen Pufferbedingungen gearbeitet (150 bzw. 500 mM NaCl). Sowohl die GST-Oxr1-Lysate und das GST-Lysat wurden an die Glutathion-Sepharose gebunden und hGNE1 wurde dazugegeben, als auch hGNE1 wurde an die Ni-NTA-Agarose gebunden und die GST-Oxr1-Lysate und das GST-Lysat wurden dazugegeben. Die Western-Blots zeigen das gleiche Ergebnis wie die vorherigen Versuche. Es ist keine eindeutige Interaktion zwischen Oxr1 und hGNE1 nachzuweisen. Das läßt auch hier den Schluß zu, daß weder verstärkte ionische noch verstärkte hydrophobe Wechselwirkungen die Interaktion zwischen den Proteinen bewirken können.

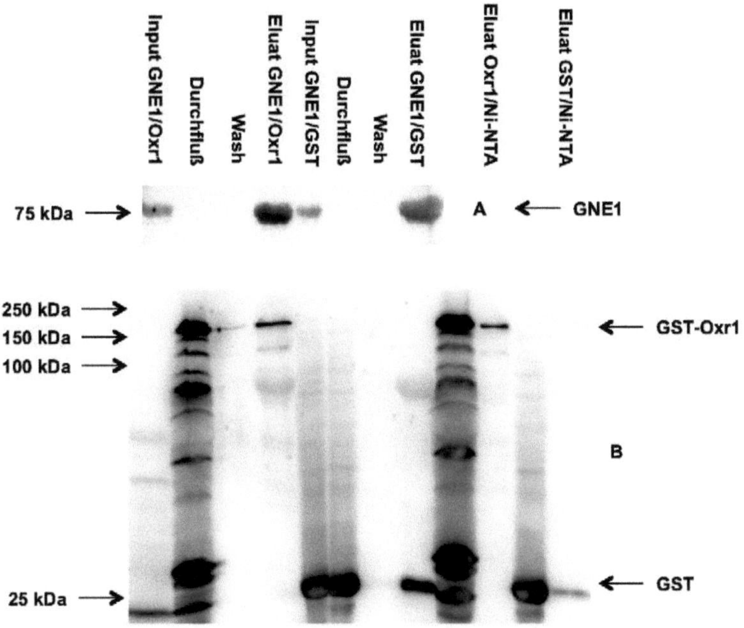

Abbildung 53: Western-Blot-Analysen des His-*Pull-downs* mit Lysaten von GST-Oxr1 bzw. GST und hGNE1 transfizierten Insektenzellen. (A) α-His-Immunoblot: hGNE1 wurde exprimiert und an die Ni-NTA-Agarose gebunden. (B) α-GST-Immunoblot: In den Eluaten sind GST-Oxr1 bzw. GST nachweisbar. In der drittletzten und letzten Probe ist zu sehen, daß GST-Oxr1 bzw. GST an Ni-NTA-Agarose binden. Es findet keine Interaktion statt.

IV Diskussion

Kohlenhydrate stellen mengenmäßig den größten Anteil der auf der Erde vorkommenden organischen Substanzen dar. Sie dienen nicht nur als Nahrungs- und Reservestoffe, sondern erfüllen zudem weitere vielfältige Funktionen. Kohlenhydrate dienen als Stütz- und Gerüstsubstanzen und sind zum einen Bestandteile von Nucleinsäuren und zum anderen von Glycoproteinen und Glycolipiden. Diese Glycokonjugate haben in der Zellbiologie eine herausragende Stellung. Sie spielen eine wichtige Rolle sowohl in Prozessen, wie Entwicklung, Differenzierung und Entzündungsreaktionen, aber auch in der Pathogenese verschiedener Krankheiten. Ebenso sind sie für die Blutgruppen-Spezifität verantwortlich. Glycoproteine und Glycolipide sind Bestandteile der Zellmembran. Die meisten der von eukaryontischen Zellen sezernierten Proteine sind ebenfalls Glycoproteine. Ein wichtiger Bestandteil der kovalent an Glycokonjugate gebundenen Oligosaccharideinheiten ist die *N*-Acetylneuraminsäure. Sie ist der häufigste Vertreter der Sialinsäuren. Ein intakter Sialinsäurestoffwechsel ist für jeden Organismus essentiell, da die Sialinsäuren in Zell-Zell- oder Zell-Matrix-Interaktionen involviert oder für die Stabilität von Glycoproteinen verantwortlich sind. Der erste Schritt der Sialinsäurebiosynthese ist exergonisch und geschwindigkeitsbestimmend und wird von der GNE katalysiert.

Enzyme können aus einfachen biologischen Vorstufen Makromoleküle aufbauen, Nährstoffe abbauen und chemische Energie erzeugen. Sie haben neben ihren katalytischen Eigenschaften auch eine Vielzahl regulatorischer Funktionen. Durch hormonelle Signale können sie Einflüße aus der Umwelt wahrnehmen und durch Änderung ihrer katalytischen Aktivität auf sie reagieren. In der Medizin haben die Enzyme eine große praktische Bedeutung. Ein Defekt oder sogar das völlige Fehlen eines oder mehrerer Enzyme führt zu einer ganzen Reihe von Krankheiten, vor allem Erbkrankheiten. Mutationen in der GNE führen zur erblichen Einschluß-körperchenmyopathie (h-IBM), die zu den entzündlichen Myopathien (Myositiden) gehört. Der Pathomechanismus dieser Krankheit ist bis heute unbekannt. Eine Hypothese zur Kankheitsursache besagt, daß bestimmte die Mutationen zu einem Verlust der Epimeraseaktivität der GNE führen und es somit innerhalb der Zelle zu einem CMP-Neu5Ac-Defizit kommt, so daß Glycokonjugate vermindert Sialinsäuren als endständige Komponenten der Oligosaccharidketten präsentieren. Die reduzierte Sialylierung von Proteinen wie z. B. Dystroglycan, die beim Aufbau des Muskels und für die Muskelphysiologie essentiell sind, könnte zum Ausbruch der h-IBM führen. Dystroglycan besteht aus einer stark glycosylierten und sialylierten extrazellulären Untereinheit (α-Dystroglycan) und einer Transmembran-Untereinheit (β-Dystro-glycan), die sich mit anderen membrangebundenen Proteinen zum Dystrophin-Glycoprotein-Komplex zusammenlagern. Die extrazelluläre α-Dystroglycan-Laminin-Interaktion einerseits und β-Dystroglycan-Aktin-Interaktion andererseits verbinden das Cytoskelett der Muskelzelle mit der extrazellulären Matrix und dienen somit der Strukturstabilisierung. Sowohl Mutationen im Laminin, als auch eine veränderte Glycosylierung des α-Dystroglycans führen zu einer gestörten Interaktion der Muskelzelle mit extrazellulären Matrixproteinen und sind pathologischer Hintergrund einiger kongenitaler Muskeldystrophien. Analog der Hypo-O-Mannosylierung als Ursache anderer Arten von Muskeldystrophien, könnte die Hyposialylierung eine Ursache der h-IBM sein. Eine weitere Hypothese dahingehend wäre, daß die Hyposialylierung zu Proteinen mit fehlerhafter Proteinfaltung führt, die dann als Amyloid-ähnliche Ablagerungen in den h-IBM-typischen „rimmed vacuoles " erscheinen.

Eine andere Ursache, die zum Ausbruch der h-IBM führen könnte, wäre eine gestörte Interaktion der GNE mit anderen Proteinen. Neben der Funktion als geschwindigkeits-bestimmendes Enzym in der Sialinsäurebiosynthese scheint die GNE weitere regulatorische Funktionen zu besitzen. So ist sie für die Ontogenese essentiell. GNE-defiziente Mäuse zeigen eine frühe embryonale Letalität und sterben am Embryonaltag 8,5 (Schwarzkopf *et al.*, 2002). Weidemann *et al.* (2006) konnten für die GNE mehrere Interaktionspartner mit dem Yeast-Two-Hybrid-System identifizieren. Zum einen das Collapsin Response Mediator Protein 1, welches ein cytoplasmatisches Phosphoprotein ist, das ausschließlich im Nervensystem und während der Entwicklung exprimiert wird. Es ist entscheidend für die neuronale Differenzierung und das axonale Wachstum. Zum anderen das Promyelocytic Leukemia Zinc Finger Protein, welches ein Transkriptions-faktor ist, der hauptsächlich im Zellkern lokalisiert ist.

In neueren Arbeiten von Wang *et al.* (2006) führte die Überexpression von rekombinanter GNE in HEK-Zellen zu einer Zunahme des RNA-Levels der Sialyltransferasen ST3Gal5 und ST8Sia1, und darausfolgend zu einer erhöhten Synthese der Ganglioside G_{M3} und

G_{D3}. Die Synthese dieser Ganglioside induzierte wiederum entweder Apoptose, ausgelöst durch eine erhöhte BiP-Expression, oder die Zellproliferation, ausgelöst durch eine ERK1/2-Phosphorylierung. In den HEK-Zellen konnte ebenfalls eine erhöhte Proliferation der Zellen durch die RNAi reduzierte GNE-Expression beobachtet werden. Diese Erkenntnisse deuten darauf hin, daß die GNE über die Sialinsäurebiosynthese hinaus weitere regulatorische Funktionen besitzt. Daher war es von großem Interesse mehr über diese Mechanismen oder eventuell vorhandene Interaktionspartner der GNE zu erfahren.
Der erste Teil dieser Arbeit beschäftigte sich mit der Identifizierung neuer Isoformen der GNE, ihrer Klonierung, funktionellen Expression und Charakterisierung auf Proteinebene. Dabei sollte geklärt werden, ob die neuen Isoformen gewebsspezifisch verteilt sind und einen Einfluß auf den Ausbruch der h-IBM haben könnten. Im zweiten Teil der Arbeit wurden mutmaßlich neue Protein-Interaktionen der GNE untersucht.

4.1. Identifikation neuer GNE-Isoformen und Analyse ihrer spezifischen Gewebsverteilungen

Watts *et al.* (2003) konnten bei Mutationsanalysen von Geweben von h-IBM-Patienten zeigen, daß es für die GNE mehrere Spleißvarianten gibt, aus denen unterschiedliche Isoformen resultieren. Im Rahmen dieser Arbeit wurde daher eine neue entsprechende Nomenklatur für die neuen Protein-Isoformen eingeführt. Das Vorkommen und die Verteilung der einzelnen Isoformen in verschiedenen Organismen wurde durch Datenbankanalysen untersucht. GNE1 konnte in allen untersuchten Organismen gefunden werden. Sialinsäuren sind Komponenten von Glycokonjugaten, die bei vielen physiologischen Prozessen eine essentielle Rolle spielen und ohne die ein Organismus nicht überlebensfähig ist. Die GNE ist daher für einen intakten Sialinsäurestoffwechsel notwendig. Bei allen untersuchten Primaten wurden die drei Isoformen wiedergefunden. Dagegen konnte sowohl bei Nagern als auch bei dem Huhn zwar GNE2 aber nicht GNE3 gefunden werden. Dem für die GNE2- und GNE3-Bildung notwendigen Exon A1 fehlte jedoch das GNE3-spezifische Startcodon. GNE3 scheint also evlutionär später entstanden zu sein. Nach der Trennung der Nagervorläufer vom Primatenvorläufer kam es bei letzterem zu einer spontanen Mutation im Exon A1, welche zu dem alternativen Startcodon und damit zu dem GNE3-Protein führte. Beim Schwein, welches dem Menschen genomisch am ähnlichsten ist, konnte GNE3 ebenfalls nicht entdeckt werden.

Da aber für diese und andere Spezies das Genom noch nicht vollständig durchsequenziert ist, kann die Existenz weiterer Isoformen nicht ausgeschlossen werden.
Die PCR-Analysen verschiedener humaner und muriner Gewebe sollten Aufschluß über die Verteilung der einzelnen Isoformen geben. Sowohl hGNE1 als auch mGNE1 konnten wie erwartet in jedem Gewebe nachgewiesen werden und bestätigen damit frühere Northern-Blot-Analysen. Zudem war es, auch in Hinsicht auf den Pathomechanismus der h-IBM, interessant zu sehen, wie es sich mit der Verteilung der neuen GNE-Isoformen verhält. Zum einen konnte GNE2 in sieben, GNE3 in vier von zehn humanen Geweben, zum anderen konnte GNE2 in vier von fünf murinen Geweben nachgewiesen werden. Die spezifische Verteilung der Isoformen stimmte zwischen den Organismen fast überein. Es konnte allerdings keine der neuen Isoformen im humanen, aber jedoch im murinen Skelettmuskel nachgewiesen werden. GNE2 fand sich dafür in humaner, aber nicht in der murinen Leber.
Diese Ergebnisse geben nur bedingt Aufschluß über den Einfluß der Isoformen auf den Pathomechanismus der h-IBM. Für die RT-PCR-Analysen wurde normales, gesundes Gewebe vom Skelettmuskel eingesetzt. Geht man aber davon aus, daß das Krankheitsbild durch eine Hyposialylierung ausgelöst wird, könnten die Isoformen mit ihrer reduzierten Epimeraseaktivität trotzdem dafür verantwortlich sein. So könnte die Expression der einzelnen Isoformen auf der Ebene des Transkriptoms reguliert werden. Durch eine Fehlregulation verschiebt sich im pathogenen Gewebe die Expression von GNE1 nach GNE2 bzw. GNE3. Aufklärung hierüber würden PCR- und Northern-Blot-Analysen von Patientenmaterial liefern. Im Skelettmuskel müßten dann Banden für GNE2 oder GNE3 zu detektieren sein.

4.2. Klonierung, Expression und Reinigung der humanen und murinen GNE-Isoformen

Die neuen humanen und murinen GNE-Isoformen wurden kloniert, in *Sf900*- und *E.coli* BL21-Zellen funktionell exprimiert und auf Proteinebene charakterisiert. Sowohl die humanen Isoformen GNE1 und GNE2, als auch die murinen Isoformen konnten dabei in ausreichenden Mengen (2-4 mg) hergestellt werden. Durch die Ni-NTA-Affinitätschromatographie ließen sich die Proteine mit einem Reinheitsgrad von über 95% aufreinigen. In der SDS-PAGE mit anschließender Coomassie-Färbung zeigten hGNE1, hGNE2 und mGNE1 eine distinkte Bande. Im Gegensatz dazu wurden für mGNE2 sowohl in der SDS-PAGE, als auch im α-His-Western-Blot zwei Banden von 70 und 75 kDa detektiert, wobei die kleinere Bande genau der Größe von GNE1 entsprach. Hierbei könnte es sich um Mischklone, das heißt um eine Kontamination mit Fremdvirus oder um eine unvollständig verlaufende Integration der cDNA in das Virusgenom handeln. Beides hat zur Folge, daß ein gewisser Anteil von funktionsfähigem Virus mGNE1 exprimiert. Die Viren wurden daher durch einen Plaque-Assay kloniert, so daß diese Punkte ausgeschlossen werden konnten. Um die Identität der kleineren Bande zu klären, wurde ein Peptide-Mass-Fingerprint durchgeführt. Das Ergebnis zeigte, daß die untere Bande ebenfalls mGNE entspricht. Das läßt den Schluß zu, daß es sich um ein proteolytisches Abbauprodukt des eigentlichen Proteins handelt. Die Proteolyse müßte dann N-terminal erfolgen, da die kleinere Bande immer noch den 6xHis-Tag enthält, wie im Western-Blot gezeigt werden konnte. Die folgenden Expressionen wurden daher in Anwesenheit der Proteaseinhibitoren Trasylol und MG132 durchgeführt. Es konnte beobachtet werden, daß mit zunehmender MG132-Konzentration mGNE2 nicht mehr proteolytisch abgebaut wurde, aber die Expressionsrate drastisch sank. Ein weiterer Ansatz war, daß es sich um verschiedene Phosphorylierungszustände der mGNE2 handelt. Daher wurden die Proteinproben mit alkalischer Phosphatase behandelt. Auch das führte zu keinem Erfolg. Eine weitere Annahme wäre, daß mGNE2 in unterschiedlichen Glykoformen vorliegt, in diesem speziellen Fall die O-GlcNAc-ylierung. Cytosolische Proteine haben als häufigsten Glycosylierungstyp mit Serin oder Threonin β-verknüpftes O-GlcNAc. Dazu könnte ein Western-Blot mit einem spezifischen O-GlcNAc-Antikörper durchgeführt werden. Allerdings spricht gegen differenzielle O-GlcNAc-ylierung, der Unterschied der molekularen Masse von 5 kDa. Die Ubiquitinylierung als posttranslationale Modifikation wäre eine weitere Möglichkeit. Bei Proteinen, die zum Abbau bestimmt sind, wird das C-terminale Glycin des Proteins Ubiquitin (~6 kDa) kovalent mit der ε-Aminogruppe von Lysinresten verbunden. Sogenannte PEST-Sequenzen wirken bei cytosolischen Proteinen destabilisierend, was eine schnelle Ubiquitinylierung zur Folge hat. Eine Western-Blot-Analyse mit anschließendem immunologischen Proteinnachweis von aufgereinigter, rekombinant exprimierter mGNE2 mit einem α-Ubiquitin-Antikörper zeigte jedoch ebenfalls eine Doppelbande (Daten nicht

gezeigt). In der Aminosäuresequenz von mGNE2 gibt es ein zweites, alternatives Startcodon, welches dem Startcodon von mGNE1 entspricht. Das alternative Startcodon wurde mutiert (M32A). Die darauffolgende Expression der Mutante in *Sf900*-Zellen resultierte ebenfalls in einer Doppelbande. Daraus kann man schlußfolgern, daß das alternative Startcodon nicht benutzt und nicht die Ursache für das kleinere Protein ist.
hGNE3 konnte nur in sehr geringen Mengen in Insektenzellen funktionell exprimiert werden. Ein Grund dafür ist, daß der größte Teil des exprimierten Proteins sich in der unlöslichen Fraktion befindet. Ähnliche Beobachtungen wurden bereits von Blume *et al.* (2004a) gemacht. In dieser Arbeit wurden N-terminale Deletionsmutanten der GNE hergestellt und in Insektenzellen exprimiert. Bereits die Deletion der ersten 39 Aminosäuren führte zu drastisch verminderten Expressionsraten, die wahrscheinlich auf die Bildung unlöslichen Proteins zurückzuführen waren. Bei GNE3 fehlen die ersten 59 Aminosäuren, und offensichtlich können die neu eingeführten 14 Aminosäuren diese Strukturveränderung nicht kompensieren. Blume *et al.* (2004a) beobachteten jedoch eine geringe Menge an löslichem Protein. Dies war bei hGNE3 nicht der Fall. Ein Grund dafür könnte der geringe Titer an funktionsfähigem Virus des Erststock sein. Deshalb wurde die GNE3-cDNA umkloniert und als GST-Fusionsprotein in *E.coli* BL21-Zellen funktionell exprimiert. GNE3 konnte für die GST-Affinitätschromatographie in ausreichenden Mengen exprimiert werden. In weiteren Experimenten konnte sowohl die Epimerase- als auch die Kinaseaktivität für dieses Enzym bestimmt werden. Allerdings machten folgende SDS-PAGE-Analysen deutlich, daß 95% des exprimierten Proteins sich in der unlöslichen Fraktion befanden.

4.3. Charakterisierung der humanen und murinen GNE-Isoformen

Die humanen und murinen GNE-Isoformen sollten hinsichtlich ihrer Epimerase- und Kinaseaktivität analysiert werden. Für die in dieser Arbeit exprimierte hGNE1 konnte sowohl eine spezifische Epimerase- sowie Kinaseaktivität bestimmt werden, die mit Werten aus früheren Publikationen (Hinderlich *et al.*, 2004) gut übereinstimmen. In der erwähnten Arbeit wurde GNE1 mit einem N-terminalen 6xHis-Tag exprimiert, während hier das Protein einen C-terminalen 6xHis-Tag enthielt. Das läßt den Schluß zu, daß der 6xHis-Tag keinen großen Einfluß auf die Aktivitäten des Enzyms hat. Analog dazu konnten für mGNE1 ähnliche Aktivitäten bestimmt werden. Für hGNE2 konnte eine deutliche verminderte Epimeraseaktivität gezeigt werden. Es hat den Anschein, daß die zusätzlichen Aminosäuren die Struktur des N-Terminus derartig beeinflussen, daß es zu einer Verringerung der Epimeraseaktivität kommt. Dem widerspricht, daß das Maushomolog von GNE2, trotz zusätzlichem Exon A1 die gleiche Epimeraseaktivität besitzt wie hGNE1 und mGNE1. Dies ist neben der unterschiedlichen Gewebsverteilung ein weiterer Unterschied zwischen hGNE2 und mGNE2.

Die transiente Proteinexpression der humanen und murinen GNE-Isoformen in *CHO*-Zellen und die anschließende Bestimmung der Epimeraseaktivität mittels radiometrischen Assays bestätigte im wesentlichen die Ergebnisse der in Insektenzellen rekombinant exprimierten und aufgereinigten Proteine. Human und murin GNE1 haben die gleiche Epimeraseaktivität. Wohingegen hGNE2 eine stark reduzierte Epimeraseaktivität aufweist, zeigt mGNE2 eine um den Faktor zwei erhöhte Epimeraseaktivität. Die Lysate der aufgearbeiteten Zellen zeigten in den Western-Blot-Analysen mit anschließendem immunologischen Proteinnachweis keine eindeutigen Banden für die rekombinanten GNE-Isoformen. Es konnte nur eine schwache Bande der endogenen, nicht aktiven GNE der *CHO*-Zellen detektiert werden. Die schwache Expression der Isoformen scheint aber ausreichend für den radiometrischen Epimeraseassay zu sein.

Sowohl für die in Insektenzellen als auch für die in Säugerzellen transient exprimierte hGNE3 konnte keine Epimeraseaktivität nachgewiesen werden, was die oben genannte Annahme, daß die neu eingeführten 14 Aminosäuren die Strukturveränderung durch das Fehlen der ersten 59 Aminosäuren nicht kompensieren können, bestätigt. Das komplette Fehlen der durch das Exons 2 codierten Aminosäuren scheint die Ursache für den Verlust der Epimeraseaktivität zu sein. Dieses Ergebnis stimmt wiederum mit Beobachtungen von Blume *et al.* (2004a) überein. Bereits die Deletion der ersten 39 Aminosäuren führte zu einem kompletten Verlust der Epimeraseaktivität, jedoch konnte für diese Mutante auch Kinaseaktivität gefunden werden. Die spezifischen Kinaseaktivitäten von hGNE2, hGNE3, mGNE1 und mGNE2 liegen alle in derselben Größenordnung. Die strukturellen Veränderungen am N-Terminus haben auf die C-terminal gelegene Kinasedomäne keinen Einfluß, wie es etwa bei den schon bereits erwähnten Deletionsmutanten der Fall ist. Da für hGNE2, mGNE2 und hGNE3 aktives Protein exprimiert werden konnte, sind die im ersten Teil der Arbeit bestimmten cDNA- und Proteinsequenzen korrekt.

Welchen Einfluß die verschiedenen N-Termini der humanen und murinen GNE-Isoformen auf die Bildung oligomerer Strukturen haben, sollte durch Gelfiltrationsanalysen bestimmt werden. Hinderlich *et al.* (1997) zeigten für GNE1 der Rattenleber, daß das Enzym *in vitro* sowohl ein Hexamer als auch ein Dimer bilden kann, wobei das Hexamer den natürlichen Zustand in der Zelle darstellt. Das Hexamer besitzt beide Enzymaktivitäten, das Dimer lediglich ManNAc-Kinaseaktivität. Ghaderi *et al.* (2007) konnten mit biophysikalischen Methoden wie Analytische Ultrazentrifugation und Dynamische Lichtstreuung zeigen, daß hGNE1, nicht wie ursprünglich angenommen als Hexamer und Dimer, sondern als Tetramer und Dimer existiert, wobei das Tetramer beide Enzymaktivitäten und das Dimer nur die Kinaseaktivität aufweist. Die Gelfiltrationsanalysen der, in dieser Arbeit in Insektenzellen, rekombinant exprimierten hGNE1 zeigten, daß das Enzym ebenfalls als Tetramer und Dimer vorliegt und die Arbeiten von Ghaderi *et al.* (2007) bestätigt. Für mGNE1 offenbarten die Gelfiltrationen ebenfalls die Existenz eines Tetramers und Dimers. Für hGNE2 zeigten die Analysen das alleinige Vorkommen eines dimeren Zustandes. Dies legt die Vermutung nahe, daß die zusätzlichen Aminosäuren einen negativen Einfluß auf die Struktur haben und somit nur Dimere gebildet werden können. Diese Schlußfolgerung sollte man dann auch für das Maushomolog GNE2 annehmen können. Die Gelfiltrationsanalysen zeigen aber für mGNE2 das hauptsächliche Vorkommen eines Tetramers und nur zu geringen Anteilen eines Dimers. Es besteht die Möglichkeit, daß die Bildung des Tetramers durch die zusätzliche Expression des 70 kDa-Proteins, welches mGNE1 entsprechen könnte, bewirkt werden könnte. Dies kann jedoch ausgeschlossen werden, da SDS-PAGE-Analysen von Fraktionen nach der Gelfiltration, die nur Dimer enthalten, das gleich Verhältnis von 75 kDa- zu 70 kDa-Bande aufweisen wie die Fraktionen mit tetramerem Protein. Somit unterscheiden sich hGNE2 und mGNE2 auch in der oligomeren Struktur.

Die unterschiedlichen Quartärstrukturen der einzelnen Proteine erklären auch die unterschiedlichen Epimeraseaktivitäten. Sowohl hGNE1 und mGNE1 als auch mGNE2 sind in der Lage epimeraseaktive Tetramere zu bilden, wohingegen hGNE2, welches als Dimer vorliegt, kaum Epimeraseaktivität besitzt. Offensichtlich scheinen nur die Tetramere Epimeraseaktivität zu besitzen, wohingegen die Dimere nur ManNAc-Kinaseaktivität haben. Diese Ergebnisse stimmen prinzipiell mit den früheren Ergebnissen für die Ratten-GNE (Hinderlich *et al.*, 1997) überein, mit der Ausnahme, daß die Epimeraseaktivität

Hexameren zugeordnet werden konnte. Allerdings stellten Hinderlich *et al.* (1997) ebenso fest, daß mit der Dimerbildung ein völliger Verlust der Epimeraseaktivität einhergeht, was nicht erklären würde, warum hGNE2 als Dimer Epimeraseaktivität besitzt. Zum einen könnte der modifizierte N-Terminus den völligen Verlust der Epimeraseaktivität verhindern. Eine weitere Vermutung wäre, daß bei Anwesenheit des Substrates UDP-GlcNAc hGNE2 sich vom Dimer zum Tetramer zurückbildet und somit eine geringe Epimeraseaktivität zu messen ist. Diese Tatsache konnten Hinderlich *et al.* (1999) schon für hGNE1 nachweisen. Ebenso konnte dies in dieser Arbeit für hGNE2 nachgewiesen werden. Für die nach einer Gelfiltration erhaltene Dimerpopulation wurde durch Zusatz von UDP-GlcNAc eine Epimeraseaktivität nachgewiesen. Für hGNE3 konnte keine Quartärstruktur bestimmt werden, was somit keine Schlußfolgerung zwischen Struktur und Verlust der Epimeraseaktivität zuläßt.

Die Ergebnisse dieser Arbeit führen zu der Annahme, daß zum einen sowohl hGNE1 als auch mGNE1 für die Grundversorgung der Zelle mit Sialinsäuren zuständig sind. Da die Epimeraseaktiviät von hGNE2 stark reduziert ist, scheint hGNE2 eine Auffüllfunktion zu haben. Benötigt die Zelle eine erhöhte Sialinsäuremenge, könnte GNE2 zur Neu5Ac-Produktion beitragen und somit den Sialinsäure-Pool auffüllen. Sialinsäuren können ebenso über den lysosomalen Proteinabbauweg gewonnen werden. Über die wiedergewonnenen Kohlenhydratketten, die zuvor hydrolysiert wurden, kann der ManNAc-Pool innerhalb der Zelle aufgefüllt werden. Während GNE1 durch CMP-Neu5Ac feedback inhibiert wird, können GNE2 und GNE3 das erhöhte ManNAc-Angebot phosphorylieren. Durch Erhöhung der Ausgangssubstrate wird das Gleichgewicht auf die Seite der Produkte verschoben und damit die Neu5Ac-Produktion initiiert. Eventuell haben GNE2 und GNE3 nicht nur Auffüllfunktionen. Sie könnten zum einen bei der Sialinsäurebiosynthese konstitutiv aktiv und für das „Fine-Tuning" zuständig sein. Wiederum sind die Kinasedomänen dieser beiden bifunktionellen Enzyme voll aktiv und können ersatzweise die Aufgabe anderer Zuckerkinasen ausüben, so z. B. die Phosphorylierung von GlcNAc analog der GlcNAc-Kinase (Benie *et al.*, 2004).

Auf Proteinebene sind human und murin GNE1 zu über 98% homolog, human und murin GNE2 sind zu über 96% homolog. Der zusätzliche N-Terminus von GNE2 ist nur zu 58% homolog (Tabelle 1). Aufgrund der hohen Homologie sollte man also annehmen, daß human und murin GNE2, analog zu GNE1, sich in ihren biochemischen Eigenschaften gleichen. Im Laufe der Arbeit kristallisierte sich aber immer mehr heraus, daß grundlegende Unterschiede zwischen den beiden Proteinen existieren. Die PCR-Analyse verschiedener humaner und muriner Gewebe zeigte eine unterschiedliche Gewebsverteilung von GNE2. Die rekombinant exprimierten Proteine zeigten Unterschiede in der spezifischen Epimeraseaktivität und den oligomeren Zuständen. Die transiente Proteinexpression in GNE-defizienten Säugerzellen bestätigten die zuvor erhaltenen Ergebnisse. Das läßt den Schluß zu, daß hGNE2 und mGNE2 unterschiedliche Funktionen in der Zelle des jeweiligen Organismus ausüben könnten.

mGNE2 besitzt die volle Epimeraseaktivität und zeigt, im Gegensatz zu hGNE2, ein anderes Strukturverhalten. Die Ergebnisse zeigen, daß der zusätzliche N-Terminus einen starken Einfluß auf die Quartärstruktur und somit die Aktivität des Proteins hat. Man kann also annehmen, daß die Aufgabe von mGNE2 über Auffüllreaktionen oder „Fine-Tuning" darüber hinausgehen. Die meisten Sequenzabweichungen zwischen hGNE2 und mGNE2 kommen im N-Terminus der Epimerasedomäne vor. Weidemann *et al.* (2006) konnten mit Yeast-Two-Hybrid-Experimenten zeigen, daß die Dimerisierung der GNE über die Kinasedomäne verläuft. Durch Strukturaufklärungen der GNE mittels biophysikalischer Methoden wie analytische Ultrazentrifugation oder dynamische Lichtstreuung (Ghaderi *et al.*, 2007) implizierten die Ergebnisse, daß die Tetramerisierung der hGNE1 über die Epimerasedomäne erfolgt, was auch für mGNE2 der Fall sein kann. Ob die Tetramerisierung wirklich über die Epimerasedomäne erfolgt, darüber gibt letztendlich nur die Kristallisation und die Strukturanalyse der Proteine Aufklärung.

Wie bereits erwähnt, hat sich während der Evolution das hGNE3-Protein nach der Trennung der Nagervorläufer vom Primatenvorläufer durch Mutationen entwickelt. Der gleiche Verdacht liegt auch bei GNE2 nahe. Das humane Äquivalent scheint sich in der Evolution unabhängig vom Mausäquivalent entwickelt zu haben. Die Mutationen im humanen N-Terminus führten zum einen zum alternativen Startcodon für das GNE3-Protein. Zum anderen führte eine Vielzahl von weiteren Mutationen zu einer derartigen Veränderung des humanen GNE2-Proteins, daß seine Tetramerisierung gestört ist und somit die Epimeraseaktivität reduziert ist. Das GNE2-Protein steht dann der Sialinsäurebiosynthese nichtmehr vollständig zur Verfügung. Daraus ergibt sich dann die Funktion des Auffüllens oder des „Fine-Tunings". Andererseits könnte hGNE2 für Funktionen außerhalb der Sialinsäurebiosynthese zur Verfügung stehen.

Läßt man die Annahme zu, daß hGNE2 und mGNE2 sich unabhängig voneinander entwickelt haben, kann man auch davon ausgehen, daß die beiden Proteine sich auch in ihrer Funktion neben der Sialinsäurebiosynthese unabhängig voneinander entwickelt haben. Es gibt nur sehr wenige Beispiele, die diese Annahme bekräftigen könnten. Thematisch abweichend, aber ein gutes mögliches Beispiel wären die Proteine der Photolyase/Cryptochrom-Familie (Christmann *et al.*, 2003). DNA-Photolyasen sind monomere Proteine mit einer Größe von 55 - 70 kDa und wurden in Bakterien, *Saccharomyces cerevisiae*, *Drosophila melanogaster*, *Xenopus laevis* und einigen Pflanzen, sowie beim Menschen gefunden. Außer beim Menschen ist die Aufgabe dieser Photolyasen, die UV-induzierte Reparatur von DNA-Schäden, wie die Bildung von Cyclobutan-Pyrimidindimeren. Beim Menschen sind sie nicht mehr an der DNA-Reparatur beteiligt, sondern im circadianen Rhythmus involviert. Dort spricht man auch nicht mehr von Photolyasen, sondern von Cryptochromen. Der circadiane Rhythmus ist bei den Säugetieren der endogene Rhythmus, der sich auf eine Periodenlänge von 24 Stunden eingestellt hat und den Schlaf-Wach-Zyklus über die Herzfrequenz, den Bluthochdruck, die Körpertemperatur und die Hormonsekretion reguliert. Das im Menschen vorkommende Cryptochrom 1 besitzt auf Proteinebene eine Homologie von ungefähr 86% zur Photolyase des *Xenopus laevis*, von ungefähr 46% zur Photolyase von *Drosophila melanogaster* und von nur noch ungefähr 25% zur Photolyase von *Escherichia coli*.
Wie oben beschrieben macht der N-Terminus den größten Unterschied zwischen den Homologen aus und scheint verantwortlich für die biochemischen Unterschiede zu sein. Die darausfolgende Konsequenz war den N-Terminus von hGNE2 mit dem von mGNE2 auszutauschen. Das daraus entstehende Hybridprotein sollte dann auf die Epimeraseaktivität und den oligomeren Zustand hin untersucht werden. Da der murine N-Terminus eine Tetramerbildung und damit eine Epimeraseaktivität zur Folge hat, sollte die Expression des Hybridproteins zu demselben Ergebnis führen. Die transiente Proteinexpression brachte nicht den erwarteten Erfolg. Für das Hybridprotein konnte keine Epimeraseaktivität nachgewiesen werden.

4.4. Protein-Protein-Interaktionen

Ziel der Arbeit war es gewesen, zu zeigen, daß die GNE-Isoformen neben der Sialinsäurebiosynthese weitere Funktionen in der Zelle ausüben. Eine Annahme ist, daß die GNE-Isoformen unterschiedliche Interaktionspartner besitzen, was von Weidemann *et al.* (2006) schon gezeigt wurde, und somit in verschiedene zelluläre Prozeße involviert sind. Ein Interaktionspartner der GNE ist das PLZF. PLZF ist ein Transkriptionsfaktor dessen Aktivität durch die Bindung der GNE beeinflußt werden könnte. Die GNE könnte somit an der Regulation der Genexpression, eventuell auch an der eigenen, beteiligt sein. Mutationen im GNE-Gen führen dazu, daß die Interaktionen gestört sind und es zu Fehlregulationen innerhalb der Zelle kommt und das den Pathomechanismus der h-IBM auslöst. Im zweiten Teil der Arbeit sollte untersucht werden, ob die GNE VCP und Oxr1 als Interaktionspartner hat.

Die Ergebnisse dieser Arbeit implizieren, daß weder VCP noch Oxr1 Interaktionspartner der GNE sind. Sowohl die *Pull-down*-Versuche als auch die Co-Transfektionen und Co-Immunpräzipitationen zeigen, daß unter diesen experimentellen Bedingungen keine Interaktionen stattfinden. Das VCP-Protein, welches bei der h-IBM phänotypisch ähnlichen Erkrankung IBMPFD ebenfalls mutiert ist, scheint nicht mit der GNE zu interagieren. Da aber der Krankheitsverlauf zwischen den beiden Myopathieformen ähnlich ist, könnte man mutmaßen, daß VCP und GNE gleiche Interaktionspartner haben und ihre jeweiligen Defekte die Interaktionen stören und eine Fehlregulation auslösen.

In Yeast-Two-Hybrid-Screens wurde gezeigt, daß Oxr1 mit der GNE interagiert. Das Oxr1-Protein ist um die Kernperipherie herum lokalisiert, kann aber auch mit den Mitochondrien assoziiert sein. Studien zur Lokalisation der GNE deuten darauf hin, daß die GNE sich ebenfalls am bzw. im Kern befinden kann (Krause *et al.*, 2005). Co-Immunfluoreszenzen zeigen, daß die GNE mit Kern- und Golgimarkern co-lokalisiert ist. Die durchgeführten *Pull-down*-Experimente lassen aber eher den Schluß zu, daß zwischen diesen beiden Proteinen keine Interaktion stattfindet. Das Yeast-Two-Hybrid-System ist eine gute, aber nicht ganz fehlerfreie Methode, um interagierende Proteine zu identifizieren. Es ist ein auf Hefe basierendes System, die gefundenen Interaktionspartner entsprechen nicht immer den physiologischen relevanten Partnern. Zudem liefern viele Proteine, wie ribosomale und mitochondriale Proteine, Ferritin und Ubiquitin falsch positive Ergebnisse. Umgekehrt ist vom Yeast-Two-Hybrid-System bekannt, daß bereits bekannte Interaktionspartner mittels Yeast-Two-Hybrid nicht zu identifizieren waren.

Die in mehreren Arbeitsgruppen durchgeführten Experimente zu Studien der Protein-Protein-Interaktionen der GNE implizieren immer mehr, daß zusätzliche Funktionen der

GNE existieren. Wann die jeweilige GNE-Isoform ihre Funktion ausführt, wird auf der Ebene der Transkriptome über das alternative Spleißen und die daraus resultierende unterschiedliche Expression der GNE-Proteine reguliert. Unter alternatives Spleißen versteht man ein Prozeß eukaryontischer Zellen, bei dem ein Vorläufer-mRNA-Transkript auf verschiedene Weise gespleißt und dadurch unterschiedliche Polypeptidketten bzw. Proteine exprimiert werden können. Ein Beispiel hierfür ist das alternative Spleißen des α-Tropomyosin-Gens (Abb. 54). Durch mehrere Arten des Spleißens entstehen verschiedene mRNAs, die in unterschiedliche Proteine translatiert werden. Die Spleißmuster werden jedoch von der Zelle je nach ihren Bedürfnissen dahingehend gesteuert, daß die unterschiedlichen Proteine zu verschiedenen Zeitpunkten und in verschiedenen Geweben exprimiert werden (Abb. 54).

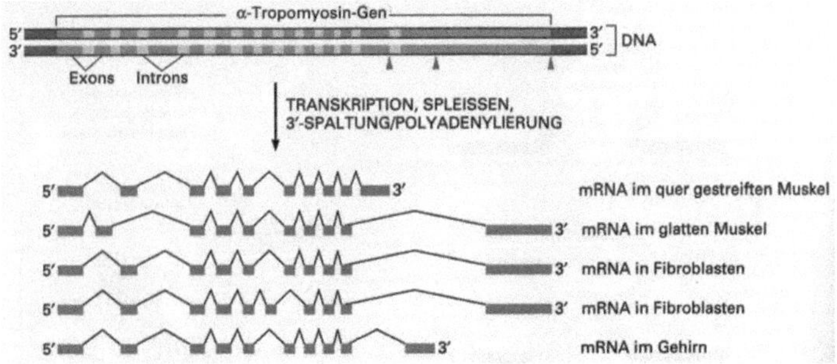

Abbildung 54: Alternatives Spleißen des α-Tropomyosin-Gens der Ratte. Das Primärtranskript kann auf mehrere Arten gespleißt werden. Die entstehenden verschiedenen mRNAs sind für bestimmte Zelltypen spezifisch (nach: Alberts, B., Johnson, A., Lewis, J., Raff, M., Roberts, K., Walter, P.; Molekularbiologie der Zelle; 2004; 4. Auflage).

In einigen Fällen kann das alternative Spleißen konstitutiv sein. Von den Zellen eines Organismus kann alternativ gespleißte mRNA kontinuierlich hergestellt werden. In den meisten Fällen jedoch wird das Spleißen reguliert. Das RNA-Spleißen kann sowohl positiv als auch negativ reguliert werden. Bei der positiven Kontrolle kann das Spleißosom ohne die Interaktion eines Aktivatorproteins eine bestimmte Intronsequenz nicht entfernen. Bei der negativen Kontrolle bindet ein Repressorprotein an eine Intronsequenz und verhindert damit, daß das Spleißosom diese Intronsequenz entfernt. Zum einen kann die Unterdrückung einer konkurrierenden Spleißstelle zu einer Aktivierung einer suboptimalen

Spleißstelle führen, zum anderen kann aufgrund der Flexibilität des RNA-Spleißens die Mutation einer Spleißstelle zu einer anderen Spleißstelle führen. Beide Mechanismen resultieren in einem anderen Spleißmuster. Das Spleißen eines Vorläufer-mRNA-Moleküls kann als Gleichgewicht zwischen konkurrierenden Spleißstellen angesehen werden, welches leicht durch regulatorische Proteine gestört werden kann. Sollte die unterschiedliche Expression und die damit verbundenen verschiedenen Funktionen der GNE-Isoformen durch alternatives Spleißen reguliert werden, wäre die Identifizierung dieser regulatorischen Proteine und eine eventuell damit verbundene Fehlregulation ein interessanter Ansatzpunkt zur Aufklärung des Pathomechanismus der h-IBM.

V Summary

Sialylation of glycoproteins and glycolipids on cell surfaces has an important role during development, differentiation and inflammation, as well as in the pathogenesis of diseases. Sialic acids are terminal components of oligosaccharides and involved in a variety of cellular interactions, such as cell-cell adhesion, cell migration and metastasis. They are also known to be involved in the formation of recognition determinants of pathogens and stability of glycoproteins. The *N*-acetylneuraminic acid is the biological precursor of all naturally occurring sialic acids. The first two steps, the epimerization of UDP-GlcNAc to ManNAc and the consecutive phosphorylation at C-6, are catalyzed by the bifunctional enzyme UDP-*N*-acetylglucosamine 2-epimerase/*N*-acetylmannosamine kinase (GNE), the key enzyme of the sialic acid biosynthesis.

In this thesis two novel isoforms of human GNE, hGNE2 and hGNE3, have been identified. Opposed to hGNE1, hGNE2 posseses an extended and hGNE3 has a deleted N-terminus, respectively. GNE2 was also found in other species like apes, mouse, rat, chicken and fish, whereas GNE3 seems to be restricted to primates. Human and mouse isoforms displayed tissue specific expression pattern.the bsThe6xhtaggedf s could be expressedsoluble active es and purified byay y amountsThe pwas functionally expressed cellsbut its amount was very lowAll recombinant proteins displayed k ctivityaformed e ctetramers.showed a 5-fold reduced e acy, which was due to the formation of dimers. displayed no epimerase activity at all.

In the last part of this thesis the proteins VCP and Oxr1 were analyzed for potential interactions with the GNE protein. The results implicated that neither VCP nor Oxr1 are interaction partners of GNE.

VI Material und Methoden

6.1. Materialien

6.1.1. Chemikalien

Alle Chemikalien wurden, soweit nicht anders erwähnt, von AppliChem (Deutschland), Calbiochem (Deutschland), Hartenstein (Deutschland), ICN (Deutschland), Merck (Deutschland), Roche (Deutschland), Roth (Deutschland) oder Sigma (Deutschland), bezogen.

6.1.2. Zellkulturmaterialien

Alle Zellkulturmaterialien wurden von den Firmen Corning (Niederlande), Falcon (Deutschland) und Sarstedt (Deutschland) bezogen. Diese waren sterile Einmalartikel oder wurden im Labor durch Autoklavieren sterilisiert.

6.1.3. Enzyme

Restriktionsenzyme wurden, soweit nicht anders erwähnt, von Fermentas (Deutschland) bezogen. Verwendete Polymerasen und die T4-Ligase waren von der Firma Invitrogen (Niederlande).

6.1.4. Oligonucleotide

Alle Oligonucleotide wurden von MWG Biotech (Deutschland) bezogen. Die Oligonucleotidsequenzen sind in einer Tabelle im Anhang zusammengefaßt.

6.1.5. Antikörper

α-Penta-His	(Mouse IgG1, #[1]34660)	1:2.000	QIAGEN (Deutschland)
α-GST	(Rabbit IgG, #A7340)	1:2.000	
	Peroxidase konjugiert		Sigma
α-RAM	(Rat Anti-Mouse IgG, # 415-035-166)	1:5.000	
	Peroxidase konjugiert		Jackson ImmunoResearch (Großbritanien)

[1] Bestellnummer

6.1.6. Lektine

VVA (*Vicia villosa* agglutinin), FITC konjugiert	EY Laboratories (USA)
LFA (*Limax flavus* agglutinin), FITC konjugiert	EY Laboratories (USA)

6.1.7. Kits

QIAprep® Spin Miniprep (#27106)	QIAGEN
NucleoSpin® Plasmid (#740588.250)	Macherey-Nagel (Deutschland)
NucleoSpin® Extract II (#740609.250)	Macherey-Nagel (Deutschland)
AccuPrime™ *Pfx* SuperMix (#12344-040)	Invitrogen
Zero Blunt® PCR Cloning (#44-0302)	Invitrogen
TOPO TA Cloning® (#45-0641)	Invitrogen
pcDNA™3.1/V5-His TOPO® TA (#45-0005)	Invitrogen
Thermo Sequenase™ Sequencing (#25-2538-01)	GE Healthcare (Deutschland)
RNeasy® Mini (#74104)	QIAGEN
SuperScript™ III First-Strand (#18080-051)	Invitrogen
Cell Line Nucleofektor™ V	Amaxa (Deutschland)
MicroSpin GST Purification Module (#27-4570-03)	GE Healthcare

6.1.8. Vektoren

Der pCR®-Blunt- und der pCR®2.1-TOPO-Vektor (Invitrogen, Niederlande) wurden bei Zwischenschritten der Klonierung eingesetzt. PCR-Produkte oder kurze DNA-Fragmente mit glatten Enden (blunt ends) wurden in den pCR®-Blunt-, mit überhängenden A-Enden (sticky ends) in den pCR®2.1-TOPO-Vektor inseriert. Desweiteren wurde der pFASTBAC™ 1-Vektor (Invitrogen, Niederlande) für die Proteinexpression in Insektenzellen und der pGEX™-4T-1-Vektor (Amersham, Großbritanien) für die Expression in *E.coli* BL21 (DE3)-Zellen verwendet. Der pUMVC3- (Aldevron, USA) bzw. pcDNA3.1/V5-His-TOPO®-Vektor (Invitrogen, Niederlande) wurde für die transiente bzw. stabile Proteinexpression in Säugerzellen eingesetzt.

6.1.9. *E.coli*-Bakterienstämme

TOP10	Invitrogen (Niederlande)
DH10BAC™	Invitrogen (Niederlande)
BL21 Star™ (DE3)pLysS	Invitrogen (Niederlande)

6.1.10. Insekten-Zelllinien

Sf9/Sf900	GibcoBRL (USA)
High Five	GibcoBRL (USA)

6.1.11. Säuger-Zelllinien

BJA-B K88 (Humane Burkitt's Lymphom B-Lymphocyten Zelllinie)	Keppler *et al.*, 1994
BJA-B K20 (Humane Burkitt's Lymphom B-Lymphocyten Zelllinie)	Keppler *et al.*, 1994
Jurkat (Humane CD4-T-Zelllinie)	ATCC (USA)
HEK (human embryonic kidney)	ATCC (USA)
TE671(Rhabdomyosarkom-Zelllinie)	ATCC (USA)
CHO Lec3 (chinese hamster ovary)	Stanley *et al.*, 1981

6.1.12. Zellkultur

Medien und Zusätze wurden von den Firmen GibcoBRL (USA), PAN Biotech GmbH (Deutschland) und Biowest (Frankreich) bezogen. Zum Ansetzen von Lösungen und Medien wurde entionisiertes und destilliertes Wasser verwendet. Stammlösungen und Flüssigmedien für die sterile Anzucht wurden 20 Minuten bei 200 kPa autoklaviert. Hitzelabile Lösungen wurden sterilfiltriert (Membranfilter, Porengröße 0,2 µm; Satorius, Deutschland).

6.1.12.1. Bakterien

Bakterien wurden bei 37 °C im Schüttelinkubator (220 rpm; Novotron, Infors, Schweiz) oder im Brutschrank (Memmert, Deutschland) kultiviert.

Bakterien können bei -80 °C eingefroren und so für Jahre gelagert werden. Dafür wurden Kulturen bis zur Sättigung angezogen, Glycerin bis zu einer Konzentration von 20% (v/v) zugegeben und die Zellen in flüssigem Stickstoff eingefroren, bevor sie bei -80 °C gelagert wurden. Eingefrorene Zellen können wieder in Kultur genommen werden, indem sie auf Eis aufgetaut und in Medium resuspendiert werden.

LB-Medium:	10 g/l	Pepton (Roth, Deutschland)
	5 g/l	Hefeextrakt (AppliChem, Deutschland)
	10 g/l	NaCl
	15 g/l	Agar (nur bei Festmedien)

Bei Festmedien für die DH10BAC™-Zellen werden 12 g/l statt 15 g/l Agar zugegeben.

SOC-Medium:	20 g/l	Pepton	5 g/l	Hefeextrakt
	4 g/l	$MgCl_2$	0,5 g/l	NaCl
	186 mg/l	KCl	3,6 g/l	Glucose

Nach dem Autoklavieren wurden bei Selektivmedien noch entsprechende Antibiotika zugegeben:

50 mg/ml	Ampicillin
25 mg/ml	Chloramphenicol
50 mg/ml	Kanamycin
10 mg/ml	Tetracyclin
7 mg/ml	Gentamycin

Für die Blau-Weiß-Selektion wurden zusätzlich noch folgende Substanzen zugegeben:

40 mg/ml	Isopropyl-1-thio-β-D-galactosid (IPTG)	1:1.000 in H_2O
200 mg/ml	Bluo-Gal	1:2.000 in DMSO

6.1.12.2. Insektenzellen

Insektenzellen wurden bei 27 °C als Suspensionskultur im Schüttelinkubator (115 rpm; Multitron; Infors, Schweiz) oder adhärent als Monolayer im Brutschrank (Heraeus, Deutschland) kultiviert. Insektenzellen können in flüssigem Stickstoff eingefroren und so für Jahre gelagert werden. Dafür werden Zellen als Suspension oder Monolayer angezogen, 5 Minuten bei 900 rpm (Megafuge 1.0, Heraeus) abzentrifugiert und mit einer Dichte von mindestens 2 x 10^6 Zellen/ml in 90% (v/v) FCS und 10% (v/v) DMSO resuspendiert. Die Zellsuspension wird mit 1 °C pro Minute langsam auf -80 °C abgekühlt und die Zellen anschließend zur Lagerung in flüssigen Stickstoff überführt. Eingefrorene Zellen können wieder in Kultur genommen werden, indem sie bei 37 °C aufgetaut und in Medium resuspendiert werden. Aufgetaute Zellen werden zunächst adhärent kultiviert. Nach 4-6 Stunden und nach weiteren 24 Stunden erfolgt ein Mediumwechsel, um tote Zellen zu entfernen.

Sf9-Zellen:	Sf-900 II Medium (GibcoBRL, USA)
	10 ml/l 200 mM Glutamin (GibcoBRL, USA)
	50 ml/l FCS (GibcoBRL, USA)
Sf900-Zellen:	Sf-900 II Medium
	10 ml/l 200 mM Glutamin

6.1.12.3. Säugerzellen

Je nach Zelllinie wurden Säugerzellen bei 37 °C und 5% CO_2 als Suspensionskultur oder adhärent als Monolayer im Brutschrank (Forma Scientific, Deutschland) kultiviert. Säugerzellen können in flüssigem Stickstoff eingefroren und so für Jahre gelagert werden. Dafür werden Zellen als Suspension oder Monolayer bis zu einer Konfluenz von 80-90% (T75-Flasche) angezogen, 5 Minuten bei 900 rpm (Megafuge 1.0, Heraeus) abzentrifugiert und in 90% (v/v) FCS und 10% (v/v) DMSO resuspendiert. Die Zellsuspension wird mit 1 °C pro Minute langsam auf -80 °C abgekühlt und die Zellen anschließend zur Lagerung in flüssigen Stickstoff überführt. Eingefrorene Zellen können wieder in Kultur genommen werden, indem sie bei 37 °C aufgetaut und in Medium resuspendiert werden. Nach 4-6 Stunden und nach weiteren 24 Stunden erfolgt ein Mediumwechsel, um tote Zellen zu entfernen.

BJA-B-, Jurkat-Zellen:	RPMI 1640 Medium	PAN Biotech GmbH (Deutschland)
HEK-, TE671-Zellen:	D-MEM Medium	PAN Biotech GmbH (Deutschland)
CHO (Lec3)-Zellen:	MEM alpha Medium	Biowest (Frankreich)

Dulbecco's PBS (1x)	PAN Biotech GmbH (Deutschland)

Medienzusätze:	L-Glutamin	PAN Biotech GmbH (Deutschland)
	FCS	PAN Biotech GmbH (Deutschland)
	Pen/Strep	PAN Biotech GmbH (Deutschland)
	G418 (Geneticin)	Biochrom (Deutschland)
	HEPES	PAN Biotech GmbH (Deutschland)
	Na-Pyruvat	PAN Biotech GmbH (Deutschland)
	Adenosin	Sigma (Deutschland)
	Guanosin	Sigma (Deutschland)
	Uridin	Sigma (Deutschland)
	Cytidin	Sigma (Deutschland)
	Thymidin	Sigma (Deutschland)

6.2. Geräte

Cleanbench Faster 1	BioFlow-Technik
HERA safe	Thermo Electron Corporation
SAFE 2010 1.8	Holten LaminAir
Schüttelinkubator Novotron	Infors
Schüttelinkubator IH50	Incutec GmbH
Schüttelinkubator Multitron	Infors,
STERI-CULT 200 Inkubator	Forma Scientific
Kühlzentrifuge RC-5B	Sorvall
Zentrifuge Megafuge 1.0	Heraeus
Multifuge 1 L-R	Heraeus
One Shot Cell Disruption	Constant Systems
iCycler	BIO-RAD
Mastercycler ep gradient S	Eppendorf
Power-Supply Power-Pac 1000	BIO-RAD
Flachbettgelelektrophoresekammer B1A, B2	MWG-Biotech
Gel-Dokumentationsapparatur Gel-Print 2000i	MWG-Biotech
SDS-PAGE-System Mini-Protean III	BIO-RAD
pH-Meter pH 211	Hanna Instruments
Tischzentrifuge Biofuge fresco	Heraeus

Spektralphotometer Ultrospec 500 *pro*	Amersham Biosciences
Thermoblock Thermomixer Compact	Eppendorf
Flüssigszintillationszähler Tri-Carb 1900 CA	Packard
FACScan	Becton Dickinson

6.3. Methoden

6.3.1. Allgemeine molekularbiologische Methoden

6.3.1.1. Bioinformatik

Die Internet-basierte Suche in der NCBI Genbank nach genomischen und cDNA-Sequenzen verschiedener Spezies wurde mit dem BLAST-Programm (http://www.ncbi.nlm.nih.gov/BLAST) durchgeführt. Für die Suche auf dem UCSC Genomserver wurde das Programm Blat (http://genome.ucsc.edu/cgi-bin/hgBlat) verwendet. Für die Sequenzvergleiche wurde das Programm MacMolly (Softgene, Deutschland) benutzt.

6.3.1.2. Isolierung von Gesamt-RNA aus humanen Zelllinien

Die Isolierung wurde nach den Angaben des Herstellers (QIAGEN-RNeasy-Protokoll) durchgeführt. Als Ausgangsmaterial dienten konfluente (80-90%) Zellen einer 10 cm Schale oder T75-Flasche. Das nach einer Zentrifugation (5 Minuten, 900 rpm; Megafuge 1.0, Heraeus) erhaltene Zellpellet wurde in 600 µl RLT-Puffer, versetzt mit 10 µl β-Mercaptoethanol auf 1 ml, resuspendiert. Anschließend wurden die Zellen mittels einer Spritze lysiert. Das Zelllysat wurde 1 Minute gevortext. Nach Zugabe von 600 µl 70%igem Ethanol wurde mit der Pipette gemischt. Danach wurden die ersten 600 µl des Gemisches auf eine Spin-Säule gegeben und für 15 Sekunden bei 10.000 rpm (Tischzentrifuge Biofuge fresco, Heraeus) zentrifugiert. Der Durchlauf wurde verworfen. Die zweiten 600 µl des Gemisches wurden auf die gleiche Säule aufgetragen. Die Säule wurde unter gleichen Bedingungen zentrifugiert und der Durchlauf verworfen. Anschließend wurden 700 µl RW1-Puffer auf die Säule gegeben, erneut zentrifugiert und der Durchlauf verworfen. Nach Zugabe von 500 µl RPE-Puffer (enthält 4 Volumen Ethanol) erfolgte der Waschvorgang durch eine weitere Zentrifugation. Nach erneuter Zugabe von 500 µl RPE-Puffer wurde die Säule zum Trocknen für 2 Minuten bei 14.000 rpm zentrifugiert. Nach Zugabe von 40 µl RNase-freiem Wasser wurde die RNA durch Zentrifugation (1 Minute, 10.000 rpm) eluiert. Wird eine große RNA-Menge erwartet, kann noch mal mit 40 µl RNase-freiem Wasser eluiert werden. Abschließend wurde die RNA 1:50 photometrisch vermessen. Für die cDNA-Synthese werden 10 µg RNA eingesetzt.

6.3.1.3. Synthese komplementärer DNA (cDNA) aus mRNA

Die mRNA kann in DNA umgeschrieben werden, indem man die komplementäre DNA (complementary DNA, cDNA) synthetisiert. Die Reverse Transkriptase ist ein Enzym, welches an der Replikation mehrerer Viren beteiligt ist. Sie hat die Eigenschaft mRNA als Matrize zu benutzen. Ist der cDNA-Strang synthetisiert, kann man den RNA-Anteil des Hybridmoleküls durch Behandlung mit Ribonuclease H abbauen.

Verwendet wurde dazu der „SuperScript^{TM} III First-Strand Synthesis“-Kit (Invitrogen, Niederlande) und es wurde sich an die Vorgaben des Herstellers gehalten. Ein Ansatz sah dabei wie folgt aus:

5 µl Total-RNA (10 µg)

1 µl dNTPs (10 mM)

1 µl Oligo$(dT)_{20}$ (50 µM)

3 µl DEPC-behandeltes H_2O

----

10 µl

Es folgte eine Inkubation für 5 Minuten bei 65 °C und anschließend für eine Minute auf Eis. In der Zwischenzeit wurde der cDNA-Synthese-Mix pipettiert:

2 µl RT-Puffer (10X)

4 µl $MgCl_2$ (25 mM)

2 µl DTT (100 mM)

1 µl RNaseOUT Inhibitor (40 U/µl)

Zu einem RNA-Ansatz wurden 9 µl des cDNA-Synthese-Mix pipettiert und für 2 Minuten bei 42 °C inkubiert. Anschließend wurden zu dem RNA/Primer-Mix 1 µl SuperScript^{TM} III RT (200 U/µl) dazugegeben und 50 Minuten bei 50 °C inkubiert. Durch eine weitere Inkubation für 15 Minuten bei 70 °C wurde die Reaktion beendet. Nach Zugabe von 1 µl RNase H erfolgte eine abschließende Inkubation für 20 Minuten bei 37 °C. Die cDNA-Synthese-Reaktion kann bei -20 °C gelagert werden.

6.3.1.4. Polymerase-Kettenreaktion (PCR)

Mit Hilfe der Polymerase-Kettenreaktion (PCR) können ausgesuchte DNA-Sequenzen *in vitro* exponentiell amplifiziert werden. Zur Synthese werden Ausgangs-DNA (*template*), zwei Oligonucleotidprimer, die die zu amplifizierende Region flankieren, eine thermostabile

DNA-Polymerase, Nucleotide und Puffer benötigt. Verwendet wurde eine „proofreading"-Polymerase, die zusätzlich eine 3'-5'-Exonuclease-Aktivität besitzt und eine Korrekturaktivität erlaubt. Die Standard-PCR wurde mit dem „AccuPrime™ *Pfx* SuperMix"-Kit (Invitrogen, Niederlande) nach Anweisungen des Herstellers durchgeführt. Der Ansatz für die PCR sah dabei wie folgt aus:

1 µl	Template-DNA (100 ng)
0,5 µl	Forward-Primer (100 µM)
0,5 µl	Reverse-Primer (100 µM)
45 µl	AccuPrime™ *Pfx* SuperMix
3 µl	H_2O (bidest.)
----------	
50 µl	

Die Reaktion wurde in einem Mastercycler ep gradient S (Eppendorf) mit folgendem Programm durchgeführt:

5 min 95 °C / 30 x (30 sec 95 °C / 30 sec 60 °C / 2 min 30 sec 68 °C) / 5 min 68 °C.

Ein Aliquot von 5 µl wurde mit Loading-Dye-Solution (6x) versetzt und zur Analyse auf ein Agarosegel aufgetragen.

Bei der Kolonie-PCR soll nachgewiesen werden, ob das gewünschte DNA-Fragment (Insert) mit dem Plasmid sich in einer Einzelkolonie befindet. Es wird ein Primer verwendet der im Vektor (M13-For; Invitrogen, Niederlande) und ein Primer der im Insert (hGNEA-Rev bzw. mGNEA-Rev) bindet. Verwendet wurden eine *Taq*-DNA-Polymerase und die dazugehörigen Puffer (Fermentas, Deutschland). Mittels einer Impfnadel wurde etwas von der Einzelkolonie abgenommen und direkt in das PCR-Tube gegeben. Der Ansatz für die Kolonie-PCR sah dabei wie folgt aus:

5 µl	PCR Buffer (10 x)
3,8 µl	dNTP (4 mM)
2 µl	$MgCl_2$ (25 mM)
0,5 µl	M13-For (100 µM)
0,5 µl	hGNEA-Rev bzw. mGNEA-Rev (100 µM)
1 µl	*Taq*-DNA-Polymerase
37,2 µl	H_2O (bidest.)
----------	
50 µl	

Die Reaktion wurde in einem Mastercycler ep gradient S (Eppendorf) mit folgendem Programm durchgeführt:

5 min 95 °C / 25 x (30 sec 95 °C / 30 sec 55 °C / 1 min 30 sec 72 °C).

Ein Aliquot von 10 µl wurde mit Loading-Dye-Solution (6x) versetzt und zur Analyse auf ein Agarosegel aufgetragen.

Für die Mutagenese-PCR wurde der „AccuPrime™ *Pfx* SuperMix"-Kit (Invitrogen, Niederlande) verwendet. Bei der Mutagenese soll zielgerichtet eine Mutation in eine bereits existierende cDNA eingeführt werden (*Site-Directed Mutagenesis*). Die Mutation wird über den Primer in die cDNA eingeführt. Der Ansatz für die PCR sah dabei wie folgt aus:

1 µl	Template-DNA (100 ng)
0,5 µl	Primer 1 (125 ng)
0,5 µl	Primer 2 (125 ng)
45 µl	AccuPrime™ *Pfx* SuperMix
3 µl	H_2O (bidest.)
----------	
50 µl	

Die Reaktion wurde in einem Mastercycler ep gradient S (Eppendorf) mit folgendem Programm durchgeführt:

5 min 95 °C / 18 x (30 sec 95 °C / 1 min 55 °C / 14 min 68 °C).

Anschließend erfolgte für eine Stunde bei 37 °C der DpnI-Verdau. Dpn I schneidet spezifisch methylierte und hemimethylierte, nicht aber unmethylierte DNA. Wurde die

Plasmid-DNA aus Bakterienstämmen isoliert, ist sie methyliert. Deshalb wird der Template-DNA-Strang zerstört. Abschließend wurde die DNA, wie unter 6.3.1.11. beschrieben, aufgereinigt.

Bei der RT-PCR wird aus einer beliebigen RNA cDNA synthetisiert und diese anschließend als Template für eine PCR verwendet. Bei dieser RT-PCR wurden kommerzielle QUICK-Clone^{TM}-cDNA (BD Biosciences Clontech, USA) und ein humanes und murines „PCR Ready First Strand“ cDNA-Panel aus verschiedenen Geweben (BioCat, Deutschland) eingesetzt. Verwendet wurden eine *Pfx*-DNA-Polymerase und die dazugehörigen Puffer (Fermentas, Deutschland). Der Ansatz für die RT-PCR sah dabei wie folgt aus:

1 µl	cDNA (50 ng)
5 µl	PCR Buffer (10 x)
3,8 µl	dNTP (4 mM)
2 µl	$MgCl_2$ (25 mM)
0,5 µl	Forward-Primer (100 µM)
0,5 µl	Reverse-Primer (100 µM)
1 µl	*Pfx*-DNA-Polymerase
36,2 µl	H_2O (bidest.)
----------	
50 µl	

Die Reaktion wurde in einem Mastercycler ep gradient S (Eppendorf) mit folgendem Programm durchgeführt:

5 min 95 °C / 25 x (30 sec 95 °C / 30 sec 55 °C / 1 min 30 sec 72 °C).

Ein Aliquot von 10 µl wurde mit Loading-Dye-Solution (6x) versetzt und zur Analyse auf ein Agarosegel aufgetragen.

6.3.1.5. Agarose-Gelelektrophorese

Mit der Agarose-Gelelektrophorese können DNA-Moleküle nach ihrer Größe aufgetrennt werden. Die Wanderungsgeschwindigkeit linearer DNA-Moleküle ist dabei umgekehrt propotional zum Logarithmus ihres Molekulargewichtes. Bei ringförmiger DNA können auch *coiled* und *supercoiled*-Strukturen auftreten, welche aufgrund ihrer höheren

Kompaktheit schneller wandern und in den Gelen deshalb bei scheinbar kleineren Molekulargewichten detektiert werden. Mit Agarosegelen können DNA-Moleküle im Bereich von 0,25 - 25 kbp identifiziert werden.

Agarose-Gelelektrophoresen werden zur Größenbestimmung von DNA-Fragmenten nach Restriktionsspaltung, zur Isolierung von DNA-Fragmenten und zur Qualitätskontrolle von DNA verwendet. Die elektrophoretische Auftrennung erfolgte in horizontalen 0,8 bis 1,5%igen (w/v) Agarose-Gelen. Die Agarose wurde durch Kochen in TAE-Puffer (40 mM Tris-HCl / 5 mM Natriumacetat / 1 mM EDTA, pH 7,9) gelöst und in die entsprechenden Gelschlitten gegossen. Nach dem Abkühlen und Erstarren der Agarose wurde das Gel in die mit TAE-Puffer gefüllte Elektrophoresekammer gelegt. Die Proben wurden vor dem Auftragen mit Loading-Dye-Solution (6x) versetzt. Das Auftragsvolumen betrug etwa 5 - 20 µl pro Probentasche. Als Größenstandard dienten 10 µl des GeneRuler™ 1 kb DNA Ladder (Fermentas, Deutschland). Die Elektrophorese wurde anschließend bei 0,5 V / cm^2 durchgeführt, bis der Farbmarker die gewünschte Laufstrecke zurückgelegt hatte. Das Gel wurde dann für 5 - 10 Minuten in einem Ethidiumbromidbad (0,5 µg/ml Ethidiumbromid in TAE-Puffer) inkubiert und die DNA dann unter UV-Licht (254 nm) sichtbar gemacht.

6.3.1.6. Isolierung von DNA-Fragmenten aus Agarosegelen

Zur Auftrennung und Reinigung von DNA-Fragmenten aus PCR oder präparativen Restriktionsverdaus wurde die Agarosegelelektrophorese verwendet. Nach elektrophoretischer Auftrennung der Fragmente in einem TAE-gepufferten Gel wurde das gewünschte DNA-Fragment mit einem Skalpell ausgeschnitten, in ein Eppendorfgefäß überführt und mittels des „NucleoSpin® Extract II-Kit“ nach dem Standardprotokoll des Herstellers Macherey-Nagel gereinigt.

Das Prinzip der Reinigung beruht darauf, daß Silica-Material, z. B. Glas, DNA in der Anwesenheit hoher Konzentrationen chaotroper Salze (Natriumjodid, Guanidinisothiocyanat) bindet und nach einem Waschschritt mit einem Salz-Ethanol-Puffer, durch Lösungen mit geringen Salzkonzentrationen wieder eluiert werden kann. Die zu isolierende DNA wurde jeweils mit 30 µl EB-Puffer (10 mM Tris-HCl, pH 7,5 / 1 mM EDTA) eluiert.

6.3.1.7. Ligation von DNA-Fragmenten

Die Verknüpfung von DNA-Fragmenten mit überhängenden oder glatten Enden mittels einer Ligase wird als Ligation bezeichnet. Bei der Standardligation wird durch Bildung von Phosphodiesterbindungen zwischen benachbarten 3'-Hydroxyl- und 5'-Phosphatgruppen linearisierter Vektor mit isolierten DNA-Fragmenten verknüpft, die über eine PCR hergestellt wurden oder die durch Restriktionsspaltung und anschließender Gelextraktion isoliert worden sind. Bei der PCR wurde eine „proofreading“-Polymerase benutzt, wodurch das amplifizierte Produkt glatte Enden besitzt. Deshalb wurde für die Ligation der „Zero Blunt® PCR Cloning“-Kit verwendet. Vektor und Insert wurden im Verhältnis von mindestens 1:10 eingesetzt. Der Ansatz wurde mit 1 µl T4-DNA Ligase (4 U) pro 10 µl Ansatz bei 16 °C über Nacht inkubiert. Der halbe Ligationsansatz wurde zur Transformation von Bakterien eingesetzt.

6.3.1.8. Herstellung kompetenter *E.coli*-Zellen

Kompetente Zellen sind Zellen, die fähig sind, freie, zirkuläre DNA aufzunehmen. Durch Behandlung mit $CaCl_2$ wird die Zellmembran für DNA-Moleküle durchlässig. Für die Transformation der Plasmid-DNA in TOP10- oder BL21 (DE3)-Zellen wurden kommerzielle kompetente Zellen (Invitrogen, Niederlande) verwendet. Für die Transposition in die Bacmid-DNA wurden bei der Transformation mit dem pFASTBAC™ 1-Vektor die DH10BAC™-Zellen selbst kompetent gemacht. Dazu wurde der Roti®-Transform-Kit von Roth (Deutschland) verwendet. Bei der Herstellung der kompetenten Zellen wurde sich an das Protokoll des Herstellers gehalten.

6.3.1.9. Transformation von Plasmid-DNA in *E.coli*

Unter Transformation versteht man einen Mechanismus des Gentransfers und somit die genetische Veränderung von Bakterien. Dabei wird gereinigte DNA von Zellen aufgenommen.

Zu 50 µl kompetenten Zellen wurde der halbe Ligationsansatz oder etwa 100 ng Plasmid-DNA pipettiert und vorsichtig gemischt. Die Proben wurden anschließend 30 Minuten auf Eis inkubiert. Danach erfolgte der Hitzeschock für 45 Sekunden bei 42 °C im Wasserbad. Die Zellen wurden nochmals für 2 Minuten auf Eis und danach in 250 µl LB-Medium oder alternativ SOC-Medium für 1 Stunde schüttelnd bei 37 °C inkubiert. Aliquots von 50 bis 200 µl wurden auf vorgewärmten Agarplatten mit Selektivmedium ausplattiert und über Nacht bei 37 °C inkubiert.

6.3.1.10. Mini-Präparation von Plasmid-DNA aus *E.coli*

Alle Plasmidpräparationen wurden entweder mit dem „NucleoSpin® Plasmid"-Kit oder mit dem „QIAprep® Spin Miniprep"-Kit durchgeführt. Die DNA-Mini-Präparation erfolgte nach der Methode der alkalischen Lyse. Dabei werden die Bakterien unter alkalischen Bedingungen lysiert und die bakterielle DNA denaturiert. Anschließend hybridisieren die beiden Stränge der Plasmid-DNA unter neutralen Bedingungen wieder, während die größere chromosomale DNA einzelsträngig bleibt und mit den Proteinen präzipitiert.
Für eine Mini-Präparation (30 - 50 µg Plasmid-DNA) wurden 5 ml LB-Medium mit entsprechendem Antibiotikum mit einer Einzelkolonie beimpft und über Nacht bei 37 °C und 200 rpm inkubiert. Zur Zellernte wurden 5 ml Kultur 5 Minuten bei Raumtemperatur und 13.000 rpm (Tischzentrifuge Biofuge fresco, Heraeus) zentrifugiert. Das erhaltene Bakterienpellet wurde in 250 µl Puffer 1, versetzt mit 100 µg/µl RNase A, unter leichtem Vortexen resuspendiert. Anschließend wurden 250 µl Puffer 2 dazugegeben, der Ansatz wurde vorsichtig geschwenkt und 5 Minuten bei Raumtemperatur inkubiert. Zur Neutralisation wurden 300 µl Puffer 3 hinzugegeben und die Suspension wurde 5 Minuten auf Eis inkubiert. Danach wurde 10 Minuten bei 4 °C und 13.000 rpm zentrifugiert. Der Überstand wurde abgenommen und erneut 10 Minuten bei 4 °C und 13.000 rpm zentrifugiert. Der Überstand wurde nochmals abgenommen und mit 450 µl Isopropanol versetzt. Die DNA wurde 30 Minuten bei -20 °C gefällt. Die Lösung wurde 15 Minuten bei 4 °C und 13.000 rpm zentrifugiert und um restliche Salze zu entfernen wurde das Pellet mit 500 µl kaltem Ethanol (80% v/v) gewaschen. Abschließend wurde nochmals 10 Minuten bei 4 °C und 13.000 rpm zentrifugiert, das DNA-Pellet wurde in der Speed-Vac getrocknet und in 50 µl sterilem EB-Puffer (10 mM Tris-HCl, pH 7,5 / 1 mM EDTA) aufgenommen. Die Konzentrations-bestimmung erfolgte photometrisch bei 260 nm. Zur Kontrolle der Präparation wurden ca. 500 ng DNA auf ein Agarosegel aufgetragen.

Um für Sequenzierungen einen höheren Reinheitsgrad der DNA zu erhalten, wurden ebenfalls *E.coli*-Übernachtkulturen angesetzt und das Plasmid nach den Angaben des Herstellers isoliert (Macherey-Nagel; QIAGEN, Deutschland). Anstatt der

Isopropanolfällung wurde dann das Lysat über MicroSpin-Säulen aufgereinigt. Diese enthalten ein Anionenaustauscherharz, an das die Plasmid-DNA bei geringen Salzkonzentrationen und niedrigem pH-Wert bindet. Die Säule wurde mit 600 µl Waschpuffer gewaschen und abschließend getrocknet. Verunreinigungen, wie z. B. Proteine, werden bei mittleren Salzkonzentrationen entfernt. Mit 30 µl EB-Puffer wurde die Plasmid-DNA eluiert und quantifiziert bzw. analysiert.

6.3.1.11. Reinigung von DNA

Häufig sind DNA-Lösungen mit Proteinen verunreinigt. Ebenso können DNA-Lösungen von unerwünschten Oligonucleotidprimern und Verunreinigungen, wie Salzen, Enzymen, nicht inkorporierte Nucleotide, Agarose, Ethidiumbromid, Ölen oder Detergenzien gereinigt werden, indem die DNA-Probe über eine NucleoSpin®-Säule (Macherey-Nagel, Deutschland) gegeben wird. Diese Reinigung erfolgte ebenfalls nach Anweisungen des Herstellers.

6.3.1.12. Konzentrationsbestimmung von Plasmid-DNA

Die Konzentration von doppelsträngiger Plasmid-DNA wurde photometrisch bei 260 nm bestimmt. Dabei wurde die Extinktion der Probe ermittelt. Eine Extinktion von E = 1 entspricht einer Konzentration von 50 µg/ml doppelsträngiger Plasmid-DNA. Das Verhältnis der Extinktionen bei 260 nm (E_{260}) und 280 nm (E_{280}), das ein Maß für die Reinheit der DNA darstellt, sollte zwischen 1,8 und 2,0 liegen.
Eine weitere Möglichkeit DNA-Mengen zu quantifizieren, bestand in der Abschätzung der Bandenintensität auf Agarosegelen im Vergleich zu bekannten DNA-Mengen.

6.3.1.13. DNA-Spaltungen mit Restriktionsendonukleasen

Als Restriktionsverdau wird die *in vitro*-Spaltung von DNA mit Hilfe von Restriktionsendonucleasen bezeichnet. Für molekularbiologische Experimente werden Enzyme vom Typ II eingesetzt. Diese spalten an spezifischen Stellen innerhalb einer palindromischen Erkennungssequenz, wobei entweder glatte Enden (*blunt ends*) oder überhängende Enden (*sticky ends*) entstehen können.
Die Restriktion erfolgte unter den vom Hersteller der eingesetzten Restriktionsendonucleasen empfohlenen Bedingungen. Es wurden sowohl analytische als auch

präparative Restriktionen durchgeführt, für die über Mini-Präparation gewonnene Plasmid-DNA eingesetzt wurde. Für einen präparativen Ansatz, bei dem die zu verdauende DNA mit zwei Restriktionsenzymen gleichzeitig geschnitten werden sollte, wurde ein Doppelverdau durchgeführt. Je nach Restritionsenzym wurde der Restriktionsansatz 3 Stunden oder über Nacht bei 37 °C inkubiert. Dabei wurden beide Enzyme gleichzeitig in den Ansatz gegeben und mit dem vom Hersteller für einen Doppelverdau angegebenen Puffer versetzt:

7 µl	DNA (~2 µg)
1 µl	Enzym I (10 U)
1 µl	Enzym II (10 U)
1 µl	Puffer Y^{+} / Tango^{TM} (10x; mit BSA)
----------	
10 µl	

6.3.1.14. Sequenzierungen

Zur Sequenzanalyse und zur Kontrolle von Klonierungsschritten werden Sequenzierungen durchgeführt. Alle Sequenzierungen wurden nach der Kettenabbruchmethode (Sanger *et al.*, 1992) durchgeführt. Bei der Sequenzierung mit Fluoreszenz-markierten Sequenzierprimern wurden 2 pmol Sequenzierprimer mit 1,3 µg DNA auf vier Nukleotidmixe („Thermo Sequenase^{TM} Primer Cycle Sequencing"-Kit) verteilt und die Ansätze mit einem Gesamtvolumen von 6 µl einem Cycle-Sequencing mit 25 Zyklen (20 sec 95 °C / 20 sec 60 °C / 10 sec 72 °C) unterzogen. Anschließend wird 1 µl des zuvor mit 5 µl Gelladepuffer gestoppten Reaktionsmixes auf ein 6%iges Polyacrylamid-Gel aufgetragen und in einer automatischen Sequenziereinrichtung (LI-COR 4200 dual-dye; MWG-Biotech, Deutschland) analysiert.

6.3.2. Expression von rekombinanten Proteinen in Insektenzellen

Das Baculovirus-Genexpressions-System hat den Vorteil, daß durch hohe Transfektionsraten hohe Ausbeuten an biologisch aktiven rekombinanten Proteinen gewonnen werden können. Baculoviren sind eine Familie von DNA-Viren, die ausschließlich Invertebraten und bevorzugt Insekten infizieren. Während der Infektion produzieren sie ihr Hüllprotein, Polyhedrin, in außergewöhnlich großen Mengen. Das zu exprimierende Gen wird durch den Polyhedrinpromoter reguliert. Die Produktion startet 3 bis 4 Tage nach der Infektion und dauert 4 bis 5 Tage an, bis die befallenen Zellen lysieren.

Bei dem BAC-TO-BAC®-Baculovirus-Expressionssystem (Abb. 55) wird das Fremdgen (Insert) in den Transfer-Vektor kloniert und beinhaltet flankierende Sequenzen, welche homolog zu dem Baculovirus-Genom sind. Innerhalb der Zellen findet die Rekombination zwischen den homologen Bereichen statt. Rekombinante Viren produzieren rekombinantes Protein. Es werden weitere Zellen infiziert, daraus resultieren weitere rekombinante Viren. Die Überexpression von rekombinantem Protein erfolgt dabei nach den Anweisungen des Herstellers (GibcoBRL, USA).

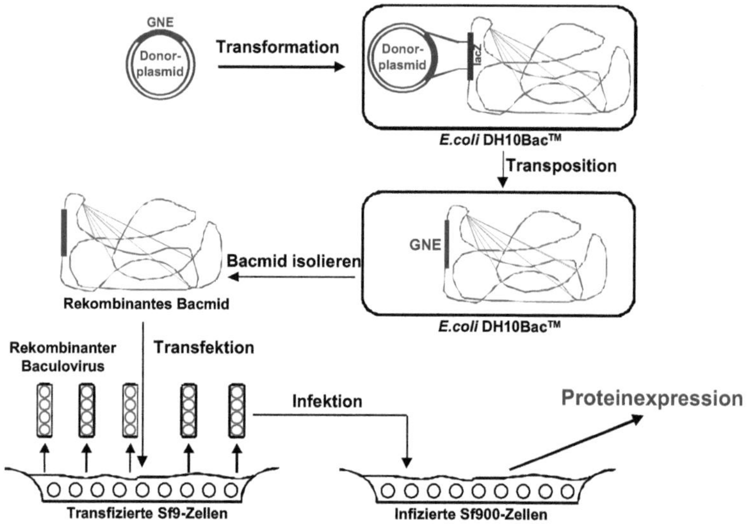

Abbildung 55: BAC-TO-BAC®-Baculovirus-Expressionssystem. Generation des rekombinanten Baculovirus und Proteinexpression in Insektenzellen.

6.3.2.1. Herstellung von rekombinanter Bacmid-DNA

Zunächst wird die zu untersuchende DNA-Sequenz mit den unter 6.3.1. beschriebenen Methoden in das pFASTBAC™-Donorplasmid kloniert. Für die anschließende

Transposition in die Bacmid-DNA werden DH10BAC^{TM}-*E.coli*-Zellen mit dem pFASTBAC^{TM}-Donorplasmid transformiert.

100 µl kompetente DH10BAC^{TM}-Zellen wurden mit 1 µl (1 µg) Plasmid-DNA gemischt und 30 Minuten auf Eis inkubiert. Nach einem 45 Sekunden Hitzeschock bei 42 °C wurden die Bakterien nochmals für 2 Minuten auf Eis inkubiert und anschließend 400 µl SOC-Medium zugegeben. Die Bakterien wurden zur Regeneration für 4 Stunden bei 37 °C unter Schütteln inkubiert und anschließend jeweils 100 µl auf LB-Kanamycin / Gentamycin / Tetracyclin-Platten ausplattiert und für 48 Stunden bei 37 °C inkubiert. Neben den Antibiotika für die Selektion enthalten die LB-Platten Bluo-Gal und IPTG, um durch Blau-Weiß-Selektion die Klone zu identifizieren, bei denen homologe Rekombination zwischen Donorplasmid und Bacmid-DNA stattgefunden hat. Positive weiße Klone werden zur phänotypischen Überprüfung erneut auf LB-Kanamycin / Gentamycin / Tetracyclin-Platten ausgestrichen.

6.3.2.2. Herstellung von rekombinantem Virus

Für die Transfektion, d.h. die Aufnahme der rekombinanten Bacmid-DNA, werden pro Well einer Zellkultur-6-Well-Platte (Falcon, USA) 0,5 x 10^6 *Sf9*-Insektenzellen in 2 ml Grace's-Medium ausgesät und für mindestens 1 Stunde bei 27 °C inkubiert, damit die Zellen adhärieren können. Währenddessen werden mindestens 5 µl (~5 µg) Bacmid-DNA in 100 µl Sf-900 II-Medium ohne weitere Zusätze und 6 µl Cellfectin (Invitrogen, Niederlande) in weiteren 100 µl Sf-900 II-Medium ohne weitere Zusätze gelöst. Nachdem die Cellfectin-Lösung gut gevortext wurde, werden beide Lösungen zusammengegeben, vorsichtig gemischt und der Transfektionsmix für 45 Minuten bei RT inkubiert, damit sich DNA-Lipid-Komlexe bilden. Die adhärierten *Sf9*-Zellen werden pro Well mit 2 ml Sf-900 II-Medium ohne weitere Zusätze gewaschen. Anschließend werden zu jedem Transfektionsmix 800 µl Sf-900 II-Medium ohne weitere Zusätze gegeben, gut gemischt und die *Sf9*-Zellen vorsichtig mit dieser Lösung überschichtet. Dabei ist darauf zu achten, daß die Insektenzellen nicht austrocknen. Die *Sf9*-Zellen werden mit dem Transfektionsmix für mindestens 5 Stunden bei 27 °C inkubiert. Anschließend wird der Transfektionsmix abgenommen, die Zellen mit 2 ml Grace's-Medium überschichtet und weiter bei 27 °C inkubiert. Nach 72 Stunden wird der Medienüberstand, indem sich die gebildeten Viren befinden, abgenommen (=Transfektionsüberstand) und für weitere Experimente bei 4 °C gelagert.

6.3.2.3. Amplifikation von Viren

Für die Expressionsversuche werden die Viren in größeren Mengen benötigt. Sie müssen daher zunächst vermehrt werden. Dafür wurden 20 ml *Sf9*-Insekten-zellsuspension mit einer Dichte von 0,5 x 10^6 Zellen/ml mit 500 µl Transfektions-überstand infiziert und für 5 Tage bei 27 °C geschüttelt. Die Insektenzellen wurden 5 Minuten bei 900 rpm (Megafuge 1.0, Heraeus) abzentrifugiert. Der virushaltige Medienüberstand wurde abgenommen (= Urstock) und bei 4 °C gelagert.

Für eine weitere Amplifikation von Virus wurden 100 ml *Sf9*-Zellsuspension mit einer Dichte von 0,5 x 10^6 Zellen/ml mit 5 ml Urstock infiziert und bei 27 °C kultiviert. Nach 5 Tagen wurde der virushaltige Medienüberstand durch eine fünfminutige Zentrifugation bei 900 rpm (Megafuge 1.0, Heraeus) geerntet (= Erststock) und bei 4 °C gelagert.

6.3.2.4. Expression von rekombinantem Protein in Insektenzellen

Die Expressionen werden unter den ermittelten Bedingungen für eine optimale Proteinausbeute durchgeführt. Insektenzellen wurden bei einer Dichte von 2 x 10^6 Zellen/ml mit jeweils entsprechenden Volumina Erststock infiziert und unter Schütteln bei 27 °C inkubiert. Nach 48-72 Stunden wurden die Insektenzellen durch Zentrifugieren 5 Minuten bei 900 rpm (Megafuge 1.0, Heraeus) pelletiert. Das Zellpellet wurde in 1 ml Lysepuffer (10 mM NaH_2PO_4/Na_2HPO_4, pH 7,5 / 1 mM DTT / 1 mM EDTA / 1 mM PMSF) pro 10 ml Insektenzellsuspensionskultur resuspendiert und je nach Menge mittels einer French-Press (One Shot Cell Disruption), durch 30-faches „Douncen" mit einem Glas-Douncer oder durch 20-maliges Aufziehen in eine Spritze (Braun, Deutschland) aufgeschlossen. Zelltrümmer und unlösliche Komponenten wurden im Anschluß bei 13.000 rpm (Biofuge fresco, Heraeus) und 4 °C für 30 Minuten abzentrifugiert. Der cytosolische Überstand wurde abgenommen und für die beschriebenen Experimente eingesetzt.

6.3.2.5. Plaque-Assay

Für diesen Assay wurden *Sf9*-Zellen aus einer Schüttelkultur mit FCS verwendet. Es wurden in einer Six-Well-Platte 1,5 x 10^6 Zellen in 3ml Medium pro Well ausgesät. Zur Adhäsion der Zellen wurde eine Stunde bei 27 °C inkubiert. In der Zwischenzeit wurde die Virusverdünnungsreihe von 10^{-1} bis 10^{-7} angesetzt (je Verdünnungsschritt 100 µl Virus + 900 µl Medium). Nachdem die Virusverdünnung sehr gut gevortext wurde, wurden 500 µl der jeweiligen Verdünnung auf die Zellen gegeben. Als Negativkontrolle wurde in einem Well Medium statt Virus zugegeben. Die Inkubation der Platten erfolgte schwenkend für 2 Stunden bei Raumtemperatur und 12 Zyklen/Minute. Für den Assay wurden 14 ml Medium auf ca. 45 °C vorgewärmt. Desweiteren wurden 7 ml SeaPlaque-Agarose (3% w/v; Biozym, Deutschland) verflüssigt und bei 45 °C temperiert. Bei der Agarosezugabe war schnelles Arbeiten sehr wichtig, da die Agarose fest werden konnte und die Zellen nicht austrocknen durften. Das vorgewärmte Medium (14 ml) wurde zu der Agarose (7 ml) gegeben, gut geschwenkt und nach Absaugen des Virus wurden 3ml des Medium-Agarose-Mixes zügig auf die Zellen pipettiert. Nach 15 Minuten war die Agarose ausgehärtet. Zum Schutz gegen Austrocknung diente die Überschichtung mit je 1 ml Medium pro Well. Der Assay wurde für 5 Tage bei 27 °C inkubiert. Nach 5 Tagen erfolgte die Färbung mit einer MTT (3-(4,5-Dimethylthiazol-2-yl)-2,5-diphenyltetrazoliumbromid)-Lösung
(5 mg/ml in Wasser, sterilfiltriert). Nach Absaugen des Mediums wurden 200 µl MTT-Lösung pro Well eingesetzt und 2 Stunden bei 27 °C inkubiert. Nach der Inkubation konnten die Plaques gezählt werden. MTT färbt alle lebenden Zellen blau an, daher erscheinen die von Viren zerstörten Zellen als weiße Punkte. Für die Auswertung wurden ab der Virusverdünnung alle Plaques gezählt, in der einzelne Plaques gut zu erkennen waren. Die Viruskonzentration wird in MOI angegeben. Es ist ratsam den Assay über Nacht bei Raumtemperatur stehen zu lassen, um am nächsten Tag erneut abzulesen, da einige Plaques noch nachreifen können.

6.3.3. Expression von rekombinanten Proteinen in *Escherichia coli*

Die Überexpression von rekombinanten Proteinen in *E.coli* erfolgte nach den Anweisungen des Herstellers des Expressionsvektor pGEX™-4T-1. Sämtliche Überexpressionen wurden mit dem *E.coli*-Stamm BL21 Star™(DE3)pLysS durchgeführt.

Wie unter 6.3.1.9. beschrieben, wurden zunächst BL21 Star^{TM}(DE3)pLysS-Zellen mit den Vektoren transformiert.

6.3.3.1. Ermittlung der optimalen Expressionsbedingungen

Um die optimalen Bedingungen für eine maximale Expression von rekombinantem Protein zu ermitteln, wurden zunächst Pilotexpressionen durchgeführt. Die Expressionen wurden dabei wie folgt durchgeführt: Einzelne Kolonien wurden in 5 ml $LB_{Amp/Cm}$-Medium bis zur Sättigung über Nacht bei 37 °C kultiviert. Mit 200 µl dieser Vorkultur wurden 20 ml $LB_{Amp/Cm}$-Medium (1:100) beimpft und bis zu einer OD_{600} von 0,6-0,8 bei 37 °C inkubiert. Durch Zugabe von 1 mM IPTG wurde die Proteinexpression induziert. Zu verschiedenen Zeitpunkten wurden jeweils 2 ml-Aliquots abgenommen und durch Zentrifugation für 5 Minuten bei 4 °C und 13.000 rpm (Biofuge fresco, Heraeus) pelletiert. Die Zellpellets wurden in 200 µl PBS (1 mM DTT, 1 mM PMSF, 1 mM EDTA) resuspendiert. Die Suspensionen wurden in flüssigem Stickstoff eingefroren und sofort wieder auf 37 °C erwärmt. Dieser Frieren/Tauen-Zyklus wurde fünfmal wiederholt. Zelltrümmer und unlösliche Komponenten wurden anschließend für 30 Minuten bei 4 °C und 13.000 rpm (Biofuge fresco, Heraeus) abzentrifugiert. Der cytosolische Überstand wurde abgenommen und für eine SDS-PAGE mit anschließender Coomassie-Färbung verwendet. Das Pellet wurde in 200 µl Probenpuffer resuspendiert und der gleichen Analyse unterzogen.

Die maximale Expression von rekombinantem Protein wurde durch Veränderung mehrerer Parameter ermittelt. Zum einen wurden Bakterien auch über Nacht bei 16 °C kultiviert. Zum anderen wurde die Proteinexpression auch mit 0,1 mM und 0,3 mM IPTG induziert. Es zeigte sich, daß eine maximale Proteinausbeute durch Kultivierung der Bakterien über Nacht bei 16 °C und einer Induktion mit 0,3 mM IPTG erzielt werden konnte.

6.3.3.2. Expression von rekombinantem Protein in *Escherichia coli*

Die Expressionen wurden unter den ermittelten Bedingungen für eine optimale Proteinausbeute durchgeführt. Einzelne Kolonien wurden in 5 ml $LB_{Amp/Cm}$-Medium bis zur Sättigung über Nacht bei 37 °C kultiviert. Mit 2 ml dieser Vorkultur wurden 200 ml $LB_{Amp/Cm}$-Medium (1:100) beimpft und bis zu einer OD_{600} von 0,6-0,8 bei 37 °C inkubiert. Durch Zugabe von 0,3 mM IPTG wurde die Proteinexpression induziert. Nach 16 Stunden wurden die Bakterienzellen durch Zentrifugation für 15 Minuten bei 4 °C und 4.000 rpm (Multifuge 1 L-R, Heraeus) pelletiert. Zur Lyse wurden die Zellen in 10 ml PBS (1 mM DTT, 1 mM PMSF, 1 mM EDTA, 100 µl Lysozym (10 mg/ml)) resuspendiert und durch einmaliges geben durch eine French-Press (One Shot Cell Disruption) bei 1 bar aufgeschlossen. Nach einer Zentrifugation für 30 Minuten bei 4 °C und 13.000 rpm (Biofuge fresco, Heraeus) wurde der cytosolische Überstand abgenommen und für die nachfolgenden Experimente eingesetzt.

6.3.4. Transiente Proteinexpression in adhärenten Säugerzellen

Die Transfektion von Säugerzellen erfolgte weitestgehend nach den Angaben des Herstellers des Transfektionsreagenzes (BIO-RAD, Deutschland). Am Tag vor der Transfektion wurde eine entsprechende Menge an Zellen in serumhaltiges Medium umgesetzt und bei 37 °C und 5% CO_2 über Nacht inkubiert, so daß die Zellen am nächsten Tag zu 50-90% konfluent waren. Am nächsten Tag wurden für jeden Ansatz (10 cm Schale) 12-36 µg der zu transfizierenden DNA in 1,5 ml serumfreien Medium und 40-60 µl der Transfektionsreagenz TransFectin™ in weiteren 1,5 ml serumfreien Medium gelöst. Nachdem die TransFectin™-Lösung gut gevortext wurde, wurden die DNA- und die TransFectin™-Lösung vorsichtig zusammengegeben und gemischt, und für 20 Minuten bei RT inkubiert, damit sich der DNA-Lipid-Komlex bilden kann. Anschließend wurden die 3 ml des DNA-TransFectin™-Komplexes direkt zu den Zellen gegeben. Die Schale wurde vorsichtig geschwenkt, so daß eine gleichmäßige Verteilung gewährleistet war. Nach 4-6 Stunden wurde der DNA-TransFectin™-Komplex abgenommen und durch serumhaltiges Medium ersetzt werden.

Für eine transiente Expression kann die Genaktivität bereits nach 24-48 Stunden getestet werden. Dafür wurden die transfizierten Zellen durch eine Zentrifugation 5 Minuten bei 900 rpm (Megafuge 1.0, Heraeus) pelletiert. Das Zellpellet wurde in 500 µl Lysepuffer (10 mM NaH_2PO_4/Na_2HPO_4, pH 7,5 / 1 mM DTT / 1 mM EDTA / 1 mM PMSF) resuspendiert und durch 20-maliges Aufziehen in eine Spritze (Braun, Deutschland) aufgeschlossen. Zelltrümmer und unlösliche Komponenten wurden im Anschluß bei 13.000 rpm (Biofuge fresco, Heraeus) und 4 °C für 30 Minuten abzentrifugiert. Der cytosolische Überstand wurde abgenommen und für die beschriebenen Experimente eingesetzt.

6.3.5. Stabile Proteinexpression in Säugerzellen

Zur stabilen Proteinexpression wurden Säugerzellen mit der Plasmid-DNA über die Cell Line Nucleofektor™ V-Technologie (Amaxa, Deutschland) transfiziert. Diese Technologie beruht auf der Methode der Elektroporation. Bei diesem Verfahren wird unter optimierten Pufferbedingungen durch einen kurzen elektrischen Impuls die Zellmembran kurzfristig permeabilisiert, wodurch die DNA in die Zelle gelangen und direkt in den Zellkern diffundieren kann. Für die Transfektion wurden GNE-defiziente *BJA-B* K20-Zellen verwendet. Die Zellen wurden 5 Minuten bei 900 rpm (Megafuge 1.0, Heraeus) abzentrifugiert, einmal mit PBS (140 mM NaCl, 10 mM Na_2HPO_4, 2,7 mM KCl, 1,8 mM KH_2PO_4, pH 7,3) gewaschen und auf 2 x 10^6 Zellen pro Transfektion einstellt. Die Zellen wurden ein weiteres Mal abzentrifugiert. Das Zellpellet wurde in 100 µl Nucleofektor™ Solution V (Amaxa, Deutschland) vorsichtig resuspendiert. Anschließend wurden 2 µg (maximal 5 µl) Plasmid-DNA dazugegeben. Der Ansatz wurde dann luftblasenfrei in eine Transfektionsküvette überführt. Die Küvette wurde in das Nucleofektor™-Gerät gestellt und das Programm S 18 gestartet. Die Zellen wurden vorsichtig mit einer Pasteurpipette aus der Küvette in eine 10 cm Petrischale mit vorgewärmten RPMI 1640 Medium überführt und bei 37 °C und 5 % CO_2 kultiviert.

Die transfizierten Zellen sollen nun unter Selektionsdruck wachsen bis die Genaktivität getestet werden kann. Nach 48 Stunden begann die Selektion. Dazu wurden die Zellen in Selektionsmedium (RPMI 1640 Medium mit 2,7 g/l Geneticin (G418)) aufgenommen und eine Woche bei 37 °C inkubiert. Es erfolgte ein täglicher Mediumswechsel. Nach zwei Wochen wurden die Zellen zum einen mit dem radiometrischen Epimerase-Assay auf ihre GNE-Aktivität hin getestet, und zum anderen durch limitierter Verdünnung subkloniert. Die Klonierung erfolgte im 96-Well-Format. Dazu wurden die Zellen geerntet, einmal mit PBS gewaschen und mit selektionsfreiem Medium auf eine Zelle pro 100 µl eingestellt. Pro Well wurden 100 µl Zellsuspension pipettiert und anschließend bei 37 °C inkubiert. Sobald in den nächsten Tagen eine Konfluenz von nahezu 100% erreicht wurde, erfolgte ein Wechsel zum nächst größeren Format (24-Well, 6-Well) bis hin zur T75-Flasche. Bei jedem Wechsel wurden Klone mit dem radiometrischen Epimerase-Assay getestet. Es wurde nur mit den Klonen mit der höchsten spezifischen Epimeraseaktivität weitergearbeitet.

6.3.6. Allgemeine proteinbiochemische Methoden

6.3.6.1. Ni-NTA-Affinitätschromatographie

Die rekombinant mit C- bzw. N-terminalem His-Tag exprimierte GNE kann über eine Ni-NTA-Agarose-Säule aufgereinigt werden. Der proteinhaltige Überstand nach dem Zellaufschluß und anschließender Zentrifugation wurde auf 500 µl Ni-NTA-Agarose (QIAGEN, Deutschland) in Poly-Prep-Chromatography-Columns (BIO-RAD, Deutschland) aufgetragen. Die Säule wurde zuvor mit 2 x 1 ml Ni-NTA-Waschpuffer (50 mM NaH_2PO_4/Na_2HPO_4, pH 8,0 / 300 mM NaCl / 20 mM Imidazol) äquilibriert. Nachdem die Säule mit der Probe 30 Minuten bei 4 °C geschwenkt wurde, wurden nicht bindende Proteine mit weiteren 2 x 1 ml Ni-NTA-Waschpuffer eluiert. Die GNE wurde anschließend mit 2 ml Ni-NTA-Elutionspuffer (Ni-NTA-Waschpuffer mit 100 mM Imidazol) eluiert. Fraktionen zu je 3 Tropfen (~150 µl) wurden gesammelt.

Um störende Salze abzutrennen, wurden proteinhaltige Fraktionen vereinigt und auf eine PD10-Säule (Pharmacia, Deutschland) aufgetragen, die zuvor mit Gelfiltrationspuffer (10 mM NaH_2PO_4/Na_2HPO_4, pH 7,5 / 100 mM NaCl / 1 mM EDTA / 1 mM DTT) äquilibriert wurde. Proteine wurden mit 5 ml Gelfiltrationspuffer mittels Gravitationskraft eluiert. Fraktionen von je 5 Tropfen (~250 µl) wurden während der Chromatographie gesammelt und anschließend analysiert.

6.3.6.2. Glutathion-Affinitätschromatographie

Die rekombinant mit N-terminaler Glutathion-S-Transferase (GST) exprimierten VCP- bzw. Oxr1-Proteine können über eine „Glutathion-Sepharose 4B MicroSpin“-Säule (GE Healthcare) aufgereinigt werden. Dabei wurde der „MicroSpin GST Purification Module“-Kit verwendet und sich weitesgehend an die Vorgaben des Herstellers gehalten. Die Säule wurde zuvor einmal mit 600 µl PBS (140 mM NaCl, 10 mM Na_2HPO_4, 2,7 mM KCl, 1,8 mM KH_2PO_4, pH 7,3) äquilibriert. Nach einer Zentrifugation (1 Minute, 3.000 rpm; Biofuge fresco, Heraeus) wurde das Lysat (~600 µl) auf die MicroSpin-Säule gegeben. Nach einer weiteren Zentrifugation wurden nicht bindende Proteine dreimal mit je 600 µl PBS eluiert. Dazwischen erfolgte jedes Mal ein weiterer Zentrifugationsschritt. Anschließend wurde dreimal mit je 100 µl Glutathion (10 mM in 50 mM Tris-HCl, pH 8,0) eluiert. Die Eluate

wurden in einer SDS-PAGE mit anschließender Silberfärbung oder Western-Blot analysiert und in den folgenden beschriebenen Experimenten eingesetzt.
Der GST-Tag von GST-Fusionsproteinen läßt sich durch die Endopeptidase Thrombin abspalten. Nach der Reinigung über die Glutathion-MicroSpin-Säule wurden 50 µl der eluierten Fraktionen mit 2 µl (2 U) Thrombin-Protease (GE Healthcare) versetzt und über Nacht bei Raumtemperatur inkubiert. Anschließend wurden die Ansätze in einer SDS-PAGE analysiert.

6.3.6.3. Proteinbestimmung nach Bradford

Die Proteinbestimmung wurde nach der Methode von Bradford (1976) durchgeführt, bei der der Farbstoff Coomassie-Brillantblau mit Proteinen unter Komplexbildung reagiert.
20 µl proteinhaltige Probe wurden mit 1 ml Bradford-Reagenz (10% (v/v) Phosphorsäure / 5% (v/v) Ethanol / 0,1% (w/v) Coomassie G-250) versetzt und 3 Minuten bei Raumtemperatur inkubiert. Anschließend wurde die Extinktion bei 578 nm bestimmt. Als Proteinstandard diente Rinderserumalbumin.

6.3.6.4. Diskontinuierliche SDS-Polyacrylamid-Gelelektrophorese (SDS-PAGE)

Die vertikale SDS-PAGE wurde nach der Methode von Laemmli (1970) mit dem SDS-PAGE Mini-Protean III System durchgeführt. Das anionische Detergenz Natriumdodecylsulfat (SDS) lagert sich an hydrophobe Regionen der Proteine an, wodurch diese denaturiert werden und eine stark negative Ladung eingeführt wurde. Dabei ist die Ladung eine Funktion der Größe der Proteine. Bei Anlegen eines elektrischen Feldes ist die Beweglichkeit der Proteine in der SDS-PAGE dann umgekehrt proportional zum Logarithmus ihrer Molekulargewichte.
Bei der diskontinuierlichen Gelelektrophorese wird ein System aus zwei Gelen, einem Trenn- und einem Sammelgel, verwendet. Das Sammelgel weist einen sauren pH-Wert auf, so daß das im Laufpuffer enthaltene Zwitterion Glycin im Sammelgel nur zu einem geringen Teil als Anion vorliegt. Dadurch kommt es beim Anlegen eines elektrischen Feldes zu einem Mangel an Anionen im Sammelgel, so daß sich ein starkes lokales elektrisches Feld zwischen den sich schnell bewegenden Chloridionen und den langsameren Glycinanionen aufbaut. Dies führt zu einer stärkeren Beschleunigung der anionischen Proteine in dem großporigen Sammelgel und damit zu einer Fokussierung der

Proteine. Mit dem Übergang ins Trenngel gehen die Glycin-Zwitterionen aufgrund des höheren pH-Wertes wieder voll in den anionischen Zustand über, wodurch der Ionenmangel aufgehoben wurde und wieder eine konstante Feldstärke im gesamten Gel herrscht. Aufgrund der kleineren Porengröße des Trenngels werden die Proteine entsprechend ihrem Verhältnis Molekulargewicht zu Ladung verlangsamt.
Für die diskontinuierliche SDS-PAGE wurden die proteinhaltigen Proben mit Probenpuffer gemischt und 5 Minuten bei 95 °C gekocht. Die Elektrophorese erfolgte dann bei einer konstanten Spannnung von 120 V, für 10 Minuten, anschließend bei 200 V. Als Größenstandard diente der Molekulargewichtsmarker „Precision Plus Protein™ Standards All Blue“ (BIO-RAD, Deutschland).

Lösung A:	30%	Acrylamid (w/v)
	0,8%	N,N´-Methylenbisacrylamid (w/v)
Lösung B:	0,4%	SDS (w/v)
	1,5 M	Tris-HCl, pH 8,8
Lösung C:	0,4%	SDS (w/v)
	0,5 M	Tris-HCl, pH 6,8

Laufpuffer:	25 mM	Tris-HCl, pH 8,8
	192 mM	Glycin
	0,1%	SDS (w/v)
5 x Probenpuffer:	0,3 M	Tris-HCl, pH 6,8
	50%	Glycerin (v/v)
	15%	SDS (w/v)
	0,015%	Bromphenolblau (w/v)
	50 mM	DTT (nur bei reduzierendem Probenpuffer)

Ansatz für 7,5%ige Trenngele:	2,25 ml Lösung A
	2,25 ml Lösung B
	4,5 ml H_2O (bidest.)
	50 µl 10% Ammoniumperoxodisulfat (w/v)
	12 µl Tetramethylendiamin

Ansatz für 4%ige Sammelgele:	0,4 ml Lösung A
	0,75 ml Lösung C
	1,85 ml H_2O (bidest.)
	12 µl 10% Ammoniumperoxodisulfat (w/v)
	3 µl Tetramethylendiamin

6.3.6.5. Coomassie-Färbung von Proteingelen

Proteine über 0,5 µg können in Gelen mit dem Farbstoff Coomassie Brilliantblau G-250 angefärbt werden, wobei der Farbstoff mit den Proteinen unter Komplexbildung reagiert. Nach der Elektrophorese wurde das Trenngel für mindestens eine Stunde bei RT in Färbelösung geschüttelt. Verwendet wurde Bio-Safe™ Coomassie Stain von BIO-RAD (0,04% (w/v) Brilliant Blue G-250 in 5% (v/v) H_3PO_4). Das gefärbte Gel wurde anschließend in H_2O (bidest.) bei RT geschüttelt, bis nur noch die Proteinbanden gefärbt waren.

6.3.6.6. Silberfärbung von Proteingelen

Proteine, deren Menge zwischen 0,5 µg und 50 ng liegt, können in Proteingelen mit der Silberfärbung nachgewiesen werden. Nach der Elektrophorese wurde das Trenngel für 20 Minuten bei RT in Fixierlösung (40% (v/v) Ethanol / 10% (v/v) Essigsäure / 0,05% (v/v) Formaldehyd) geschüttelt. Anschließend wurde dreimal für 5 Minuten mit 50% (v/v) Ethanol gewaschen. Dann wurde 1 Minute in 0,02% (w/v) $Na_2S_2O_3$ unter leichtem Schwenken inkubiert, dreimal 20 Sekunden in H_2O (bidest.) gewaschen, 15 Minuten in 0,16% (w/v) Silbernitrat / 0,08% (v/v) Formaldehyd inkubiert und erneut zweimal 20 Sekunden mit H_2O (bidest.) gewaschen. Die Färbung erfolgte nach Sichtkontrolle in 5% (w/v) Natriumcarbonat / 0,0005% (w/v) $Na_2S_2O_3$ / 0,05% Formaldehyd für 1-5 Minuten.

Das Gel wurde zügig in Fixierlösung überführt, wodurch die Färbereaktion gestoppt wurde. Nach 20-minütiger Inkubation in der Fixierlösung wurde das Gel bis zum Trocknen in Wasser gelagert.

6.3.6.7. Western-Blotting

Der Transfer von elektrophoretisch aufgetrennten Proteinen auf Nitrocellulose-membranen wurde in Anlehnung an Towbin *et al.* (1979) im Tank-Blot-Verfahren mit Blotapparaturen der Firma BIO-RAD (Deutschland) durchgeführt. Direkt nach der Elektrophorese wurde der Sandwich-Blot luftblasenfrei zusammengebaut, so daß die Nitrocellulosemembran (Protran® Nitrocellulose Transfer Membran; Schleicher & Schuell, Deutschland) zur Anode zeigt. Der Transfer wurde bei RT mit einer konstanten Stromstärke von 250 mA für eine Stunde in Transferpuffer (25 mM Tris / 160 mM Glycin / 10% (v/v) Ethanol) durchgeführt. Zur Überprüfung des Protein-transfers werden die auf die Membran übertragenen Proteine mit Ponceau-Färbelösung (0,2% (w/v) Ponceau-Rot S / 3% (v/v) Trichloressigsäure / 3% (w/v) Sulfosalicylsäure) angefärbt. Dazu werden die Membran etwa 5 Minuten in die Färbelösung getaucht und dann mit H_2O (bidest.) solange entfärbt, bis die Proteinbanden sichtbar werden.

6.3.6.8. Immunologischer Proteinnachweis auf Nitrocellulosemembranen

Der Nachweis spezifischer Proteine auf der Nitrocellulose-Membran erfolgte immunologisch mit Antikörpern. Dafür wurde die Membran zunächst für eine Stunde bei RT oder über Nacht bei 4 °C mit Blockierungspuffer (5% (w/v) Milchpulver in PBS-Tween (0,1%)) inkubiert, um unspezifische Bindungstellen abzusättigen. Anschließend wurde die Membran zweimal für je 5 Minuten in PBS-Tween (0,1%) gewaschen und für 1 Stunde bei RT oder über Nacht bei 4 °C mit dem primären Antikörper inkubiert. Als primäre Antikörper dienten der monoklonale α-Penta-His-Antikörper (1:2.000 in PBS-Tween (0,1%); QIAGEN, Deutschland) und der Peroxidase konjugierte α-GST-Antikörper (1:2.000 in PBS-Tween (0,1%); Sigma, USA). Nach erneutem zweimaligem Waschen mit PBS-Tween (0,1%) für 5 Minuten wurde die Membran für eine Stunde mit dem sekundären Antikörper bei RT inkubiert. Der verwendete sekundäre Antikörper α-RAM (Rat Anti-Mouse; 1:5.000 in PBS-Tween (0,1%); Jackson ImmunoResearch, Großbritanien) ist ebenso mit der Meerrettichperoxidase gekoppelt, so daß die Blotmembranen mit dem Enhanced-

Chemoluminescence-Luminol-System entwickelt werden können. Zuvor wurde die Membran noch je zweimal mit PBS-Tween (0,1%) und PBS gewaschen, anschließend mit Whatman-Papier getrocknet und in eine Folie gelegt. Bei der Inkubation mit einer frisch hergestellten Mischung aus 10 µl 6,8 mM p-Cumarsäure in DMSO, 1 ml 1,25 mM Luminol in 0,1 M Tris-HCl, pH 8,5 und 3 µl 3% (v/v) H_2O_2 katalysiert die Peroxidase eine Chemolumineszenz-Reaktion, deren Signale mit einer LAS-1000-Kamera (Fuji, Japan) aufgenommen werden.

6.3.6.9. UDP-GlcNAc-2-Epimerase-Assays

Zum Nachweis der UDP-GlcNAc-2-Epimerase-Aktivität wurde zum einen ein UDP-GlcNAc-2-Epimerase-Assay mit anschließendem colorimetrischen Nachweis des entstandenen ManNAc durchgeführt.

100 µl Probe wurden mit 45 µl 200 mM NaH_2PO_4/Na_2HPO_4 (pH 7,5), 45 µl 50 mM $MgCl_2$ und 2,5 µl 100 mM UDP-GlcNAc gemischt und in der Regel für eine Stunde bei 37 °C inkubiert. Die Reaktion wurde durch eine 1-minütige Inkubation bei 100 °C gestoppt. Die denaturierten Proteine aus dem Enzymreaktionsansatz wurden durch Zentrifugation bei 13.000 rpm (Biofuge fresco, Heraeus) für 2 Minuten pelletiert. Das entstandene ManNAc wurde mittels Morgan-Elson-Reaktion (Reissig *et al.*, 1955), mit dem spezifisch *N*-Acetylhexosamine detektiert werden, nachgewiesen (Abb. 56). Nach der Zentrifugation wurden 150 µl des Überstandes mit 30 µl 0,8 M H_3BO_3-Puffer (pH 9,1; mit KOH eingestellt), gemischt und für 3 Minuten bei 100 °C inkubiert. Anschließend wurden 800 µl Farbreagenz (1% (w/v) 4-Dimethylaminobenzaldehyd / 1,25% (v/v) 10 M HCl in Essigsäure) zugegeben und für 30 Minuten bei 37 °C inkubiert. Die Extinktion wurde bei 578 nm gemessen.

Zum anderen wurde zum Nachweis der der UDP-GlcNAc-2-Epimerase-Aktivität ein radiometrischer Nachweis des entstandenen ManNAc durchgeführt. Für diesen Assay wurden 330 µg (maximal 80 µl) Protein eingesetzt. Zusätzlich zu 35 µl Na-Phosphat-Puffer (200 mM, pH 7,5) und 20 µl $MgCl_2$ (50 mM) wurden 10 µl ^{14}C-UDP-GlcNAc/UDP-GlcNAc, (50 nCi, 10 mM) in den Enzymreaktionsansatz gegeben. In der Regel wurde die Enzymreaktion für 4 Stunden bei 37 °C inkubiert. Das entstandene ^{14}C-ManNAc wurde durch absteigende Papierchromatographie von ^{14}C-UDP-GlcNAc abgetrennt. Die Proben wurden auf Whatman 3MM-Chromatographiestreifen (Herolab, Deutschland) von 2 x 48 cm aufgetragen. Die Chromatographie wurde für 16-20 Stunden mit 70% (v/v) 1-Propanol / 100 mM Natriumacetat (pH 5,0) durchgeführt. Die getrockneten Chromatographiestreifen wurden anschließend in 2,5 cm lange Stücke geschnitten und die Radioaktivität mit 5 ml Ultima Gold XR (Packard, Niederlande) in einem Tri-Carb 1900 CA Flüssigszintillationszähler (Packard, Niederlande) gemessen. Der Rf-Wert für UDP-GlcNAc und ManNAc beträgt unter diesen Bedingungen 0,08 bzw. 0,55.

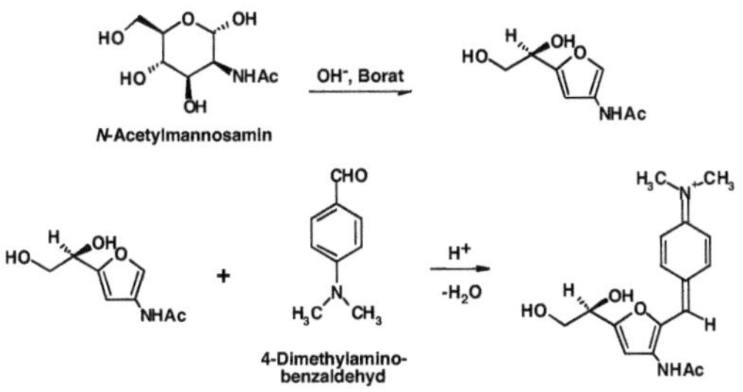

Abbildung 56: Morgan-Elson-Reaktion nach Reissig *et al.*, 1955.

6.3.6.10. ManNAc-Kinase-Assay

Zum Nachweis der ManNAc-Kinase-Aktivität wurde ein colorimetrischer ManNAc-Kinase-Assay durchgeführt.

80 µl Probe wurden mit 65 µl Tris-HCl (200 mM, pH 8,1 / 65 mM $MgCl_2$), 20 µl 100 mM ATP, pH 7,5, 10 µl 100 mM ManNAc, 10 µl frisch angesetztem 100 mM Phospho*enol*pyruvat, 10 µl frisch angesetztem 15 mM NADH und 2 µl Lactat-Dehydrogenase/Pyruvatkinase (je 2 U) gemischt und für 30 Minuten bei 37 °C inkubiert. Die Aktivität der ManNAc-Kinase wurde durch einen gekoppelt-optischen Test nach Warburg nachgewiesen (Abb. 57). Die Abnahme der NADH-Konzentration führt zu einer Verringerung der Absorption bei 340 nm. Nachdem die Enzymreaktion durch Zugabe von 800 µl 10 mM EDTA, pH 7,5 gestoppt wurde, wurde die Extinktion bei 340 nm gegen Wasser gemessen. Als Kontrollen dienten Ansätze ohne ManNAc-Kinase.

$$\text{ManNAc} + \text{ATP} \xrightarrow{\text{ManNAc-Kinase}} \text{ManNAc-6-P} + \text{ADP}$$

$$\text{ADP} + \text{Phosphoenolpyruvat} \xrightarrow{\text{Pyruvat-Kinase}} \text{ATP} + \text{Pyruvat}$$

$$\text{Pyruvat} + \text{NADH} \xrightarrow{\text{Lactat-Dehydrogenase}} \text{Lactat} + \text{NAD}^+$$

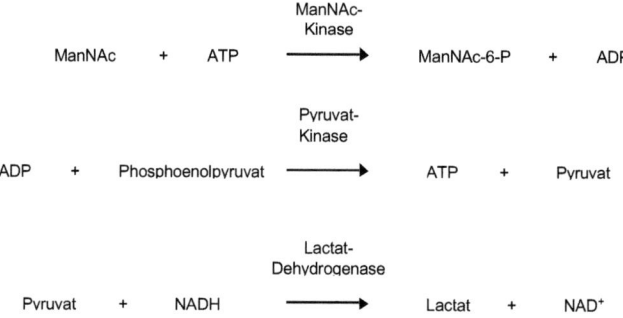

Abbildung 57: Colorimetrischer ManNAc-Kinase-Assay.

6.3.6.11. Gelfiltrationschromatographie

Zur Bestimmung der Quartärstruktur von Proteinen dient die Gelfiltrationschromatographie. Das Prinzip der Methode beruht auf der Trennung von Proteinen nach ihrer Größe. Die Probe wird auf eine Säule aus porösen Kügelchen aufgetragen, die aus einem unlöslichen, aber stark hydratisierten Polymer bestehen. Kleine Moleküle können in diese Kügelchen eindringen, große nicht. Folglich verteilen sich kleine Moleküle sowohl in der wäßrigen Lösung innerhalb der Kügelchen als auch zwischen ihnen, wohingegen große Moleküle auf das wäßrige Medium zwischen den Kügelchen beschränkt bleiben. Große Moleküle passieren die Säule schneller und verlassen sie zuerst, weil ihnen nur ein kleineres Volumen zugänglich ist.

Nach der Reinigung der Proteine über Ni-NTA-Affinitätschromatographie und PD10-Säule wurden 350 µl der gepoolten Fraktionen auf eine Superdex™200 10/300GL-Säule (Amersham Biosciences, Großbritanien) aufgetragen. Als Laufpuffer dienten 10 mM NaH_2PO_4/Na_2HPO_4, pH 7,5 / 1 mM EDTA / 1 mM DTT / 100 mM NaCl. Es wurden Fraktionen von 500 µl bei einer Flußrate von 0,5 ml/min gesammelt. Als Größenstandard diente ein Gemisch aus Proteinen mit unterschiedlichen molekularen Massen, bestehend aus Thyreoglobulin (670 kDa), IgG (158 kDa), Ovalbumin (44 kDa) und Myoglobin (17 kDa) (BioRad, Deutschland). Das Verhältnis des dekadischen Logarithmus der Molekularmasse ist linear zum Elutionsvolumen der Proteine. Nach Erstellung einer Geradengleichung konnte aus den Elutionsvolumina der einzelnen Isoformen die molekulare Masse bestimmt werden.

6.3.6.12. Durchflußcytometrie

Um die Sialylierung von Glycokonjugaten auf der Zelloberfläche zu untersuchen, wurde eine Durchflußcytometrie nach dem Prinzip des *„Fluorescence Activated Cell Sorting"* (FACS) durchgeführt. Diese Methode beruht auf die Erkennung in und Isolierung einzelner Zellen aus einer Zellpopulation anhand ihrer Größe, Granularität oder Oberflächeneigenschaften. Zellen werden dabei meistens mit einem Antiköper inkubiert, der gegen ein bestimmtes Antigen gerichtet ist. Dieser Antiköper kann entweder direkt oder indirekt über einen sekundären Antiköper mit einem Fluoreszenzfarbstoff gekoppelt sein. In diesem speziellen Fall wurde mit Lektinen gearbeitet, die ebenfalls fluoreszenzmarkiert und gegen spezifische Kohlenhydrate gerichtet sind. Im Durchflußcytometer werden die markierten Zellen von einem Laserstrahl erfaßt, wodurch es zu einer Anregung des gekoppelten Fluoreszenzfarbstoffes kommt. Durch die daraus resultierende Emission von Licht einer bestimmten Wellenlänge erhält man ein spezifisches Signal. Innerhalb kürzester Zeit können tausende Zellen in einem Probenstrom einzeln an einem Laser vorbeigeleitet und allgemein charakterisiert werden. Das verwendete FACS-Gerät stammt von der Firma BD Biosciences (Deutschland) und besitzt einen Argon-Laser mit einer Anregungswellenlänge von 488 nm. Bei diesem Experiment wurde mit den Lektinen VVA und LFA, die mit dem Fluorochrom Fluorescein (FITC) konjugiert sind, gearbeitet.

Zunächst wurden die Zellen durch eine Zentrifugation 5 Minuten bei 900 rpm (Megafuge 1.0, Heraeus) geerntet und einmal mit PBS gewaschen. Anschließend wurden zu dem Zellpellet 100 µl Lektin-Lösung (VVA: 5 µg/100 µl PBS; LFA: 2 µg/100 µl) gegeben, vorsichtig gemischt und eine Stunde in der Dunkelheit inkubiert. Die Zellen wurden zweimal mit PBS gewaschen. Abschließend wurden die Zellpellets in 1-2 ml PBS aufgenommen, in FACS-Röhrchen überführt und am FACS-Gerät vermessen.

6.3.6.13. *Pull-down*-Versuche

Mit Hilfe der *Pull-down*-Versuche kann man Proteine mit samt ihrer Interaktionspartner aus einer komplexen Proteinlösung präzipitieren. In dieser Arbeit wurden *Pull-down*-Versuche sowohl über die eine GST-Sepharose als auch über eine Ni-NTA-Agarose durchgeführt.

Hierfür wurden die GST-Fusionsproteine (VCP bzw. Oxr1), das GST-Protein und die His-getagten GNE-Proteine (N-His-GNE1, N-His-GNE1 M712T, GNE1-C-His) in *Sf900*- bzw. *E.coli*-Zellen exprimiert. Das GST-VCP-Fusionsprotein und das C-terminal His-getagte GNE-Protein wurden zudem in *Sf900*-Zellen co-exprimiert. Die Zellen wurden durch Zentrifugation geerntet, in Lysepuffer aufgenommen und je nach Volumen mittels Spritze oder „One Shot"-Gerät aufgeschlossen. Nach einer weiteren Zentrifugation (30 Minuten, 4 °C, 13.000 rpm; Biofuge fresco, Heraeus) wurde der lösliche Überstand für den *Pull-down* verwendet.

Für einen GST-*Pull-down* wurde der „MicroSpin GST Purification Module"-Kit verwendet. Die Säule wurde zuvor einmal mit 600 µl PBS äquilibriert. Nach einer Zentrifugation (1 Minute, 3.000 rpm; Biofuge fresco, Heraeus) wurde der lösliche Überstand (~600 µl) auf die MicroSpin-Säule gegeben und drehend eine Stunde bei 4 °C inkubiert. Die Sepharose wurde dreimal mit je 600 µl PBS gewaschen. Anschließend wurden die Lysate von N-His-GNE1, N-His-GNE1 M712T und GNE1-C-His auf die Säulen mit den gebundenen GST-Fusionsproteinen gegeben und über Nacht bei 4 °C drehend inkubiert. Abschließend wurde mit Glutathion (10 mM in 50 mM Tris-HCl, pH 8,0) eluiert. Die Proben wurden in reduzierendem SDS-Probenpuffer für 5 Minuten bei 95 °C aufgekocht und waren dann bereit für die Auftrennung in der SDS-PAGE und für die Analyse im Western-Blot mit anschließendem immunologischen Proteinnachweis.

Für den Ni-NTA-*Pull-down* wurden die MicroSpin-Säulen aus dem „MicroSpin GST Purification Module"-Kit und Ni-NTA-Agarose der Firma QIAGEN (Deutschland) verwendet. Es wurden 100 µl Ni-NTA-Agarose eingesetzt. Diese wurde zuvor einmal mit 600 µl Ni-NTA-Waschpuffer (50 mM NaH_2PO_4/Na_2HPO_4, pH 8,0 / 300 mM NaCl / 20 mM Imidazol) äquilibriert. Nach einer Zentrifugation (1 Minute, 3.000 rpm; Biofuge fresco, Heraeus) wurde der lösliche Überstand auf die Säule gegeben und eine Stunde bei 4 °C drehend inkubiert. Als Kontrolle wurden sowohl die GST-Fusionsproteine als auch das GST-Protein direkt auf die Ni-NTA-Säule gegeben. Nicht bindende Proteine wurden dreimal mit 600 µl Ni-NTA-Waschpuffer eluiert. Die Lysate der GST-Fusionsproteine wurden ebenfalls auf die Säule gegeben und über Nacht bei 4 °C drehend inkubiert. Abschließend wurde mit 100 µl Ni-NTA-Elutionspuffer (Ni-NTA-Waschpuffer mit 100 mM Imidazol) eluiert. Die Proben wurden in reduzierendem SDS-Probenpuffer für 5 Minuten bei 95 °C aufgekocht und waren dann bereit für die Auftrennung in der SDS-PAGE und für die Analyse im Western-Blot mit anschließendem immunologischen Proteinnachweis.

6.3.6.14. Co-Immunpräzipitation (Co-IP)

Als Immunpräzipitation (IP) wird die Ausfällung von Antigen-Antikörper-Komplexen bezeichnet. Heute dient die IP als analytische Methode. Bei der Co-Immunpräzipitation (Co-IP) lassen sich über eine Sepharosematrix und mit Hilfe eines Antikörpers Proteine mit samt ihrer Interaktionspartner aus Proteingemischen, z. B. Zelllysaten präzipitieren. Diese Sepharosematrix ist mit Protein G (Protein G-Sepharose™ 4 Fast Flow; Amersham Biosciences, Schweden) beschichtet. Protein G ist ein Protein der bakteriellen Zellwand (*Streptococcus pneumoniae*) und bindet mit hoher Affinität an die konstanten Ketten von IgG-Antikörpern vieler Säuger. Verwendet wurde der α-Penta-His-Antikörper. Nach Bindung des Fc-Teils des α-Penta-His-Antikörper an die Protein G-Sepharose bleibt der Fab-Teil des Antikörpers für die Bindung des Proteins mit Interaktionspartner zugänglich. Alle anderen Proteine lassen sich mit mehrfachem Waschen abtrennen.

In dieser Arbeit erfolgte die Co-IP des GNE-Proteins samt seines möglichen Interaktionspartners VCP aus frischen Zelllysaten co-transfizierter bzw. einzeln transfizierter *Sf900*-Zellen. Die Zellen wurden mittels Zentrifugation geerntet, in 1 ml Na-Phosphat-Puffer (50 mM NaH_2PO_4/Na_2HPO_4, 300 mM NaCl, pH 8,0) resuspendiert, und durch 30-maliges Aufziehen in eine Spritze (Braun, Deutschland) aufgeschlossen. Nachdem 60 µl der Protein G-Sepharose einmal mit dem Na-Phosphat-Puffer gewaschen wurden, um im Lagerungspuffer enthaltenes Ethanol zu entfernen, wurde das Zelllysat dazugegeben und eine Stunde bei 4 °C drehend inkubiert. Dieser Schritt diente der Vermeidung unspezifischer Bindungen. Anschließend wurde das Zelllysat mit 25 µl (200 ng/µl) des α-Penta-His-Antikörpers eine Stunde bei 4 °C drehend inkubiert. Es folgte eine weitere Zugabe von 60 µl Protein G-Sepharose. Die Kopplung des Antikörpers an Protein G erfolgte eine Stunde drehend bei 4 °C. Nach der Inkubation des präadsorbierten Lysats mit der Antikörper-gekoppelten Sepharose wurde diese abzentrifugiert (1 Minute, 3.000 rpm; Biofuge fresco, Heraeus) und dreimal mit je 100 µl Na-Phosphat-Puffer gewaschen. Abschließend wurde das Pellet in reduzierendem SDS-Probenpuffer aufgenommen und für 5 Minuten bei 95 °C aufgekocht. Zur Identifizierung wurde eine SDS-PAGE mit anschließender Western-Blot-Analyse durchgeführt. Bei einzeln transfizierten Zellen wurde nach den Waschschritten das Zelllysat des möglichen Interaktionspartners VCP zu der

Antikörper-gekoppelten Sepharose gegeben und über Nacht bei 4 °C drehend inkubiert. Danach wurde ebenfalls die Sepharose abzentrifugiert und dreimal mit je 100 µl Na-Phosphat-Puffer gewaschen. Das Pellet wurde in reduzierendem SDS-Probenpuffer aufgenommen und für 5 Minuten bei 95 °C aufgekocht. Zur Identifizierung wurde eine SDS-PAGE mit anschließender Western-Blot-Analyse durchgeführt.

Literaturverzeichnis

Ahrens, P. B., Ankel, H. (1987) The role of asparagine-linked carbohydrate in natural killer cell-mediated cytolysis. *J. Biol. Chem.* **262**, 7575-7579

Alviano, C. S., Travassos, L. R., Schauer, R. (1999) Sialic acids in fungi: a minireview. *Glycoconj. J.* **16**, 545-554

Angata, T., Varki, A. (2002) Chemical diversity in the sialic acids and related alpha-keto acids: An evolutionary perspective. *Chem. Rev.* **102**, 439-469

Apweiler, R., Hermjakob, H., and Sharon, N. (1999) On the frequency of protein glycosylation, as deduced from analysis of the SWISS-PROT database. *Biochim. Biophys. Acta* **1473**, 4–8

Argov, Z., Yarom, R. (1984) „Rimmed vacuole myopathy" sparing the quadriceps. A unique disorder in Iranian Jews. *J. Neurol. Sci.* **64**, 33-43

Argov, Z., Tiram, E., Eisenberg, I., Sadeh, M., Seidman, C. E., Seidman, J. G., Karpati, G., Mitrani-Rosenbaum, S. (1997) Various types of hereditary inclusion body myopathies map to chromosome 9p1-q1. *Ann. Neurol.* **41**, 548-551

Ashwell, G., Harford, J. (1982) Carbohydrate-specific receptors of the liver. *Annu. Rev. Biochem.* **51**, 531-554

Askanas, V., Engel, W. K. (1995) New advances in the understanding of sporadic inclusion-body myositis and hereditary inclusion-body myopathies. *Curr. Opin. Rheumatol.* **7**, 486-496

Askanas, V., Engel, W. K., Yang, C. C., Alvarez, R. B., Lee, V. M., Wisniewski, T. (1998) Light and electron microscopic immunolocalization of presenilin 1 in abnormal muscle fibers of patients with sporadic inclusion-body myositis and autosomal-recessive inclusionbody myopathy. *Am. J. Pathol.* **152**, 889-895

Bardor, M., Nguyen, D. H., Diaz, S., Varki, A. (2005) Mechanism of uptake and incorporation of the non-human sialic acid *N*-glycolylneuraminic acid into human cells. *J. Biol. Chem.* **280**, 4228-4237

Basu, S., Basu, M., Basu, S. S. (1995) Biological specificity of sialytransferases. In: *Biology of the sialic acids (Rosenberg, A.; Plenum Press, New York)*, 69-93

Beltrán-Valero de Bernabé, D., Currier, S., Steinbrecher, A., Celli, J., van Beusekom, E., van der Zwaag, B., Kayserili, H., Merlini, L., Chitayat, D., Dobyns, W. B., Cormand, B., Lehesjoki, A. E., Cruces, J., Voit, T., Walsh, C. A., van Bokhoven, H., Brunner, H. G. (2002) Mutations in the O-mannosyltransferase gene POMT1 give rise to the severe neuronal migration disorder Walker-Warburg syndrome. *Am. J. Hum. Genet.* **71**, 1033-1043

Benie, A. J., Blume, A., Schmidt, R. R., Reutter, W., Hinderlich, S., Peters, T. (2004) Characterization of ligand binding to the bifunctional key enzyme in the sialic acid biosynthesis by NMR: II. Investigation of the ManNAc kinase functionality. *J. Biol. Chem.* **279**, 55722-55727

Bhavanandan, V. P. (1991) Cancer-associated mucins and mucin-type glycoproteins. *Glycobiology* **1**, 493-503

Blume, A., Weidemann, W., Stelzl, U., Wanker, E. E., Lucka, L., Donner, P., Reutter, W., Horstkorte R., Hinderlich, S. (2004a) Domain specific characteristics of the bifunctional key enzyme of sialic acid biosynthesis, UDP-*N*-acetylglucosamine 2-epimerase/*N*-acetylmannosamine kinase. *Biochem. J.* **384**, 599-607

Blume, A., Benie, A. J., Stolz, F., Schmidt, R. R., Reutter, W., Hinderlich, S., Peters, T. (2004b) Characterization of ligand binding to the bifunctional key enzyme in the sialic acid biosynthesis by NMR: I. Investigation of the UDP-GlcNAc 2-epimerase functionality. *J. Biol. Chem.* **279**, 55715-55721

Borsig, L., Wong, R., Hynes, R. O., Varki, N. M., Varki, A. (2002) Synergistic effects of L- and P-selectin in facilitating tumor metastasis can involve non-mucin ligands and implicate leukocytes as enhancers of metastasis. *Proc. Natl. Acad. Sci. USA* **99**, 2193-2198

Bradford, M. M. (1976) A rapid and sensitive method for the quantitation of microgram quantities of protein utilizing the principle of protein-dye binding. *Anal. Biochem.* **72**, 248-254

Bremer, E. G., Schlessinger, J., Hakomori, S. (1986) Ganglioside-mediated modulation of cell growth. Specific effects of GM3 on tyrosine phosphorylation of the epidermal growth factor receptor. *J. Biol. Chem.* **261**, 2434-2440

Bresalier, R. S., Rockwell, R. W., Dahiya, R., Duh, Q. Y., Kim, Y. S. (1990) Cell surface sialoprotein alterations in metastatic murine colon cancer cell lines selected in an animal model for colon cancer metastasis. *Cancer Res.* **50**, 1299-1307

Brusés, J. L., Rutishauser, U. (2001) Roles, regulation and mechanism of polysialic acid function during neural development. *Biochimie* **83**, 635-643

Cardini, C. E., Leloir, L. F. (1957) Enzymatic formation of acetylgalactosamine. *J. Biol. Chem.* **225**, 317-324

Carpenter, S., Karpati, G., Heller, I., Eisen, A. (1978) Inclusion body myositis: a distinct variety of idiopathic inflammatory myopathy. *Neurology* **28**, 8-17

Chai, W., Yuen, C. T., Kogelberg, H., Carruthers, R. A., Margolis, R. U., Feizi, T., Lawson, A. M. (1999) High prevalence of 2-mono- and 2,6-di-substituted manolterminating sequences among O-glycans released from brain glycopeptides by reductive alkaline hydrolysis. *Eur. J. Biochem.* **263**, 879-888

Chan, M. C., Cheung, C. Y., Chui, W. H., Tsao, S. W., Nicholls, J. M., Chan, Y. O., Chan, R. W., Long, H. T., Poon, L. L., Guan, Y., Peiris, J. S. (2005) Proinflammatory cytokine responses induced by influenza A (H5N1) viruses in primary human alveolar and bronchial epithelial cells. *Respir. Res.* **6**,135

Christmann, M., Tomicic, M. T., Roos, W. P., Kaina, B. (2003) Mechanisms of human DNA repair: an update. *Toxicology* **193**, 3-34

Colli, W. (1993) Trans-sialidase: a unique enzyme activity discovered in the protozoan Trypanosoma cruzi. *FASEB J.* **7**, 1257-1264

Collins, B. E., Fralich, T. J., Itonori, S., Ichikawa, Y., Schnaar, R. L. (2000) Conversion of cellular sialic acid expression from *N*-acetyl- to *N*-glycolylneuraminic acid using a synthetic precursor, *N*-glycolylmannosamine pentaacetate: inhibition of myelin-associated glycoprotein binding to neural cells. *Glycobiology* **10**, 11-20

Comb, D. G., Roseman, S. (1958) Enzymatic synthesis of *N*-acetyl-D-mannosamine. *Biochim. Biophys. Acta* **29**, 653-654

Corfield, A. P., Schauer, R. (1982) Occurrence of sialic acids. In: *Sialic acids (Schauer, R.; Springer, Wien, New York)*, 5-50

Crocker, P. R., Paulson, J., Varki, A. (2007) Siglecs and their roles in the immune system. *Nat. Rev. Immunol.* **7**, 255-266

David, L., Nesland, J. M., Funderud, S., Sobrinho-Simoes, M. (1993) CDw75 antigen expression in human gastric carcinoma and adjacent mucosa. *Cancer* **72**, 1522-1527

Dennis, J. W., Laferte, S. (1985) Recognition of asparagine-linked oligosaccharides on murine tumor cells by natural killer cells. *Cancer Res.* **45**, 6034-6040

Dreyfuss, A. I., Clark, J. R., Andersen, J. W. (1992) Lipid-associated sialic acid, squamous cell carcinoma antigen, carcinoembryonic antigen and lactic dehydrogenase levels as tumor markers in squamous cell carcinoma of the head and neck. *Cancer* **70**, 2499-2503

Eckhardt, M., Mühlenhoff, M., Bethe, A., Gerady-Schahn, R. (1996) Expression cloning of the golgi CMP-sialic acid transporter. *Proc. Natl. Acad. Sci. USA* **93**, 7572-7576

Effertz, K., Hinderlich, S., Reutter, W. (1999) Selective loss of either the epimerase or kinase activity of UDP-*N*-acetylglucosamine-2-epimerase/*N*-acetylmannosamine kinase due to site-directed mutagenesis based on sequence alignments. *J. Biol. Chem.* **274**, 28771-28778

Egrie, J. C., Browne, J. K. (2001) Development and characterization of novel erythropoiesis stimulating protein (NESP). *Nephrol. Dial. Transplant.* **16**, 3-13

Eisenberg, I., Thiel, C., Levi, T., Tiram, E., Argov, Z., Sadeh, M., Jackson, C. L., Thierfelder, L., Mitrani-Rosenbaum, S. (1999) Fine-structure mapping of the hereditary inclusion body myopathy locus. *Genomics* **55**, 43-48

Eisenberg, I., Avidan, N., Potikha, T., Hochner, H., Chen, M., Olender, T., Barash, M., Sheesh, M., Sadeh, M., Grabov-Nardini, G., Shmilevich, I., Friedmann, A., Karpati, G., Bradley, W. G., Baumbach, L., Lancet, D., Asher, E. B., Beckmann, J. S., Argov, Z., Mitrani-Rosenbaum, S. (2001) The UDP-*N*-acetylglucosamine-2-epimerase/*N*-acetylmannosamine kinase gene is mutated in recessive hereditary inclusion body monopathy. *Nat. Genet.* **29**, 83-87

Eisenberg, I., Grabov-Nardini, G., Hochner, H., Korner, M., Sadeh, M., Bertorini, T., Bushby, K., Castellan, C., Felice, K., Mendell, J., Merlini, L., Shilling, C., Wirguin, I., Argov, Z., Mitrani-Rosenbaum, S. (2003) Mutations spectrum of GNE in hereditary inclusion body myopathy sparing the quadriceps. *Hum. Mutat.* **21**, 99-105

Elliott, N. A., Volkert, M. R. (2004) Stress induction and mitochondrial localization of Oxr1 proteins in yeast and humans. *Mol. Cell. Biol.* **24**, 3180-3187

Emig, S., Schmalz, D., Shakibaei, M., Buchner, K. (1995) The nuclear pore complex protein p62 is one of several sialic acid-containing proteins of the nuclear envelope. *J. Biol. Chem.* **270**, 13787-13793

Endo, T. (2004) Structure, function and pathology of O-mannosyl glycans. *Glycoconj. J.* **21**, 3-7

Enns, G. M., Seppala, R., Musci, T. J., Weisiger, K., Ferell, L. D., Wenger, D. A., Gahl, W. A., Packman, S. (2001) Clinical course and biochemistry of sialuria. *J. Inherit. Metab. Dis.* **24**, 328-336

Fahr, C., Schauer, R. (2001) Detection of sialic acids and gangliosides with special reference to 9-O-acetylated species in basaliomas and normal human skin. *J. Invest. Dermatol.* **116**, 254-260

Ferreira, H., Seppala, R., Pinto, R., Huizing, M., Martins, E., Braga, A. C., Gomes, L., Krasnewich, D. M., Sa Miranda, M. C., Gahl, W. A. (1999) Sialuria in a Portuguese girl: Clinical, biochemical and molecular characteristics. *Mol. Genet. Metab.* **67**, 131-137

Fischer, F., Egg, G. (1990) *N*-acetylneuraminic acid (sialic acid) as a tumor marker in head and neck cancers. *HNO* **38**, 361-363

Fogel, M., Altevogt, P., Schirrmacher, V. (1983) Metastatic potential severely altered by changes in tumor cell adhesiveness and cell-surface sialylation. *J. Exp. Med.* **157**, 371-376

Fukuda, M. (1994) Cell surface carbohydrates: cell-type specific expression. In: *Molecular glycobiology (Fukuda, M., Hindsgaul, O.; IRL Press, Oxford)*, 1-52

Fukushima, K., Hirota, M., Terasaki, P. I., Wakisaka, A., Togashi, H., Chia, D., Suyama, N., Fukushi, Y., Nudelman, E., Hakomori, S. (1984) Characterization of sialosylated Lewis^x as a new tumor-associated antigen. *Cancer Res.* **44**, 5279-5285

Gagneux, P., Moore, J. J., Varki, A. (2005) The ethics of research on great apes. *Nature* **437**, 27-29

Gal, B., Ruano, M. J., Puente, R., Garcia-Pardo, L. A., Rueda, R., Gil, A., Hueso, P. (1997) Developmental changes in UDP-*N*-acetylglucosamine 2-epimerase activity of rat and guinea-pig liver. *Comp. Biochem. Physiol. B. Biochem. Mol. Biol.* **118**, 13-15

Giordanengo, V., Ollier, L., Lanteri, M., Lesimple, J., March, D., Thyss, S. , Lefebvre, J. C. (2004) Epigenetic reprogramming of UDP-*N*-acetylglucosamine 2-epimerase/*N*-acetylmannosamine kinase (GNE) in HIV-1-infected CEM T cells. *FASEB J.* **18**, 1961-1963

Gosh, S., Roseman, S. (1961) Enzymatic phosphorylation of *N*-acetylmannosamine. *Proc. Natl. Acad. Sci. USA* **47**, 955-958

Hakomori, S. (1989) Biochemical basis and clinical application of tumor-associated carbohydrate antigens: Current trends and future perspectives. *Gan To Kagaku Ryoho* **16**, 715-731

Hakomori, S. (2000) Traveling for the glycosphingolipid path. *Glycoconj. J.* **17**, 627-647

Hanai, N., Dohi, T., Nores, G. A., Hakomori, S. (1988) A novel ganglioside, de-*N*-acetyl-GM3 (II3NeuNH2LacCer), acting as a strong promoter for epidermal growth factor receptor kinase and as a stimulator for cell growth. *J. Biol. Chem.* **263**, 6296-6301

Harduin-Lepers, A., Recchi, M. A., Delannoy, P. (1995) 1994, the year of sialyltransferases. *Glycobiology* **5**, 741-758

Harms, E., Kreisel, W., Morris, H. P., Reutter, W. (1973) Biosynthesis of *N*-acetylneuraminic acid in Morris hepatomas. *Eur. J. Biochem.* **32**, 254-262

Harris, R. J., Spellman, M. W. (1993) O-linked fucose and other post-translational modifications unique to EGF modules. *Glycobiology* **3**, 219-224

Hartnell, A., Steel, J., Turley, H., Jones, M., Jackson, D. G., Crocker, P. R. (2001) Characterization of human sialoadhesin, a sialic acid binding receptor expressed by resident and inflammatory macrophage populations. *Blood* **97**, 288-296

Herrler, G., Rott, R., Klenk, H. D., Müller, H. P., Shukla, A. K., Schauer, R. (1985) The receptor-destroying enzyme of influenza C virus is neuraminate-*O*-acetylesterase. *EMBO J.* **4**, 1503-1506

Herrmann, M., von der Lieth, C. W., Stehling, P., Reutter, W., Pawlita, M. (1997) Consequences of a subtle sialic acid modification on the murine polyomavirus receptor. *J. Virol.* **71**, 5922-5931

Higashi, H. (1990) N-glycoylneuraminic acid-containing glycoconjugate as a tumor associated antigen. Hanganutziu-Deicher antigen. *Trends Glycosci. Glycotechnol.* **2**, 7-15

Hinderlich, S., Stäsche, R., Zeitler, R., Reutter, W. (1997) A bifunctional enzyme catalyzes the first two steps in *N*-acetylneuraminic acid biosynthesis of rat liver. Purification and characterization of UDP-*N*-acetylglucosamine 2-epimerase/*N*-acetylmannosamine kinase. *J. Biol. Chem.* **272**, 24313-24318

Hinderlich, S., Salama, I., Eisenberg, I., Potikha, T., Mantey, L. R., Yarema, K. J., Horstkorte, R., Argov, Z., Sadeh, M., Reutter W., Mitrani-Rosenbaum, S. (2004) The homozygous M712T mutation of UDP-*N*-acetylglucosamine 2-epimerase/*N*-acetylmannosamine kinase results in reduced enzyme activities but not in altered overall cellular sialylation in hereditary inclusion body myopathy. *FEBS Letters* **566**, 105-109

Hinderlich, S., Oetke, C. and Pawlita, M. (2005) Biochemical Engineering of Sialic acids. In: *Handbook of Carbohydrate Engineering (Yarema, K. J.; Taylor & Francis, Boca Raton)*, 387-405

Hong, Y., Stanley, P. (2003) Lec3 Chinese hamster ovary mutants lack UDP-*N*-acetylglucosamine 2-epimerase activity because of mutations in the epimerase domain of the Gne gene. *J. Biol. Chem.* **278**, 53045-53054

Horstkorte, R., Nöhring, S., Wiechens, N., Schwarzkopf, M., Danker, K., Reutter, W., Lucka, L. (1999) Tissue expression and amino acid sequence of murine UDP-*N*-acetylglucosamine-2-epimerase/*N*-acetylmannosamine kinase. *Eur. J. Biochem.* **260**, 923-927

Horstkorte, R., Nöhring, S., Danker, K., Effertz, K., Reutter, W., Lucka, L. (2000) Protein kinase C phosphorylates and regulates UDP-*N*-acetylglucosamine-2-epimerase/*N*-acetylmannosamine kinase. *FEBS Lett.* **470**, 315-318

Huizing, M., Rakocevic, G., Sparks, S. E., Mamali, I., Shatunov, A., Goldfarb, L., Krasnewich, D., Gahl, W. A., Dalakas, M. C. (2004) Hypoglycosylation of alphadystroglycan in patients with hereditary IBM due to GNE mutations. *Mol. Genet. Metab.* **81**, 196-202

Irie, A., Koyama, S., Kozutsumi, Y., Kawasaki, T., Suzuki, A. (1998) The molecular basis for the absence of *N*-glycolylneuraminic acid in humans. *J. Biol. Chem.* **273**, 15866-15871

Ito, T., Couceiro, J. N., Kelm, S., Baum, L. G., Krauss, S., Castrucci, M. R., Donatelli, I., Kida, H., Paulson, J. C., Webster, R. G., Kawaoka, Y. (1998) Molecular basis for the generation in pigs of influenza A viruses with pandemic potential. *J. Virol.* **72**, 7367-7373

Jacobs, C. L., Goon, S., Yarema, K. J., Hinderlich, S., Hang, H. C., Chai, D. H., und Bertozzi, C. R. (2001) Substrate specificity of the sialic acid biosynthetic pathway. *Biochemistry* **40**, 12864-12874

Johnston, G. I., Cook, R. G., McEver, R. P. (1989) Cloning of GMP-140, a granule membrane protein of platelets and endothelium: sequence similarity to proteins involved in cell adhesion and inflammation. *Cell* **56**, 1033-1044

Jones, L., Hobden, C., O'Shea, P. (1995) Use of a real-time fluorescent probe to study the electrostatic properties of the cell surface of *Candida albicans*. *Mycol. Res.* **99**, 969-976

Kageshita, T., Hirai, S., Kimura, T., Hanai, N., Ohta, S., Ono, T. (1995) Association between sialyl Lewis(a) expression and tumor progression in melanoma. *Cancer Res.* **55**, 1748-1751

Kawai, T., Kato, A., Higashi, H., Kato, S., Naiki, M. (1991) Quantitative determination of *N*-glycolylneuraminic acid expression in human cancerous tissues and avian lymphoma cell lines as a tumor-associated sialic acid by gas chromatography-mass spectrometry. *Cancer Res.* **51**, 1242-1246

Kean, E. L. (1969) Sialic acid activating enzyme in ocular tissue. *Exp. Eye Res.* **8**, 44-54

Kean, E. L. (1970) Nuclear cytidine 5′-monophosphosialic acid synthetase. *J. Biol. Chem.* **245**, 2301-2308

Kean, E. L. (1991) Sialic acid activation. *Glycobiology* **1**, 441-447

Kelm, S., Schauer, R. (1997) Sialic acids in molecular and cellular interactions. *Int. Rev. Cytol.* **175**, 137-240

Keppler, O. T., Herrmann, M., Oppenländer, M., Meschede, W., Pawlita, M. (1994) Regulation of susceptibility and cell surface receptor for the B-lymphotropic papovavirus by N glycosylation. *J. Virol.* **68**, 6933-6939

Keppler, O. T., Stehling, P., Herrmann, M., Kayser, H., Grunow, D., Reutter, W., Pawlita, M. (1995) Biosynthetic modulation of sialic acid-dependent virus-receptor interactions of two primate polyoma viruses. *J. Biol. Chem.* **270**, 1308-1314

Keppler, O. T., Herrmann, M., von der Lieth, C. W., Stehling, P., Reutter, W., Pawlita, M. (1998) Elongation of the N-acyl side chain of sialic acids in MDCK II cells inhibits influenza A virus infection. *Biochem. Biophys. Res. Commun.* **253**, 437-442

Keppler, O. T., Hinderlich, S., Langner, J., Schwarz-Albiez, R., Reutter, W., Pawlita, M. (1999) UDP-GlcNAc-2-epimerase: A regulator of cell surface sialylation. *Science* **284**, 1372-1376

Keppler, O. T., Horstkorte, R., Pawlita, M., Schmidt, C., Reutter, W. (2001) Biochemical engineering of the N-acyl side chain of sialic acid: biological implications. *Glycobiology* **11**, 11R-18R

Kikuchi, K., Kikuchi, H., Tsuiki, S. (1971) Activities of sialic acid-synthesizing enzymes in rat liver and rat and mouse tumors. *Biochim. Biophys. Acta.* **252**, 357-368

Kikuchi, K., Tsuiki, S. (1973) Purification and properties of UDP-*N*-Acetylglucosamine-2-epimerase from rat liver. *Biochim. Biophys. Acta* **327**, 193-206

Kircheis, R., Kircheis, L., Oshima, H., Kohchi, C., Soma, G., Mizuno, D. (1996) Selective lysis of early embryonic cells by the alternative pathway of compliment - a possible mechanism for programmed cell death in embryogenesis. *In Vivo* **10**, 389-403

Kluge, A., Reuter, G., Lee, H., Ruch-Heeger, B., Schauer, R. (1992) Interaction of rat peritoneal macrophages with homologous sialidase-treated thrombocytes in vitro: Biochemical and morphological studies. Detection of N-(O-acetyl)glycoloylneuraminic acid. *Eur. J. Cell Biol.* **59**, 12-20

Kolter, T., Sandhoff, K. (1997) Sialic acids-why always alpha-linked? *Glycobiology* **7**, vii-ix

Kornfeld, S., Kornfeld, R., Neufeld, E., O'Brien, P. J. (1964) The feedback control of sugar nucleotide biosynthesis in liver. *Proc. Natl. Acad. Sci. USA* **52**, 371-379

Krause, S., Hinderlich, S., Amsili, S., Horstkorte, R., Wiendl, H., Argov, Z., Mitrani-Rosenbaum, S., Lochmüller, H. (2005) Localization of UDP-GlcNAc 2-epimerase/ManAc kinase (GNE) in the Golgi complex and the nucleus of mammalian cells. *Exp. Cell. Res.* **304**, 365-79

Kundig, W., Gosh, S., Roseman, S. (1966) The sialic acids. VII. *N*-Acyl-D-mannosamine kinase from rat liver. *J. Biol. Chem.* **241**, 5619-5626

Laemmli, U. K. (1970) Cleavage of structural proteins during the assembly of the head of bacteriophage T4. *Nature* **227**, 680-685

Lasky, L. A. (1995) Selectin-carbohydrate interactions and the initiation of the inflammatory response. *Annu. Rev. Biochem.* **64**, 113-139

Laubli, H., Stevenson, J. L., Varki, A., Varki, N. M., Borsig, L. (2006) L-selectin facilitation of metastasis involves temporal induction of Fut7-dependent ligands at sites of tumor cell arrest. *Cancer Res.* **66**, 1536-1542

Lee, J. H., Baker, T. J., Mahal, L. K., Zabner, J., Bertozzi, C. R., Wiemer, D. F., Welsh, M. J. (1999) Engineering novel cell surface receptors for virus-mediated gene transfer. *J. Biol. Chem.* **274**, 21878-21884

Leitao, E. A., Bittencourt, V. C., Haido, R. M., Valente, A. P., Peter-Katalinic, J., Letzel, M., de Souza, L. M., Barreto-Bergter, E. (2003) Beta-galactofuranose-containing O-linked oligosaccharides present in the cell wall peptidogalactomannan of Aspergillus fumigatus contain immunodominant epitopes. *Glycobiology* **13**, 681-692

Lemieux, G. A., Bertozzi, C. R. (1999) Exploiting differences in sialoside expression for selective targeting of MRI contrast reagents. *J. Am. Chem. Soc.* **12**, 663-672

Lemieux, G. A., Bertozzi, C. R. (2001) Modulating cell surface immunoreactivity by metabolic induction of unnatural carbohydrate antigens. *Chem. Biol.* **8**, 265-275

Leroy, J. G., Seppala, R., Huizing, M., Dacremont, G., De Simpel, H., Van Coster, R. N., Orvisky, E., Krasnewich, D. M., Gahl, W. A. (2001) Dominant inheritance of sialuria, an inborn error of feedback inhibition. *Am. J. Hum. Genet.* **68**, 1419-1427

Lisewski, U. (2005) Expression von Proteine des Ubiquitin-Proteasom-Systems zur Untersuchung von Interaktionen mit der UDP-*N*-Acetylglucosamin-2-Epimerase/*N*-Acetyl-mannosaminkinase. Diplomarbeit; Freie Universität Berlin

Liu, T., Guo, Z., Yang, Q., Sad, S., Jennings, H. J. (2000) Biochemical engineering of surface alpha 2-8 polysialic acid for immunotargeting tumor cells. *J. Biol. Chem.* **275**, 32832-32836

Lotz, B. P., Engel, A. G., Nishino, H., Stevens, J. C., Litchy, W. J. (1989) Inclusion body myositis. Observations in 40 patients. *Brain* **112**, 727-747

Lowe, G., Potter, B. V. (1981) The stereochemical course of yeast hexokinase-catalysed phosphoryl transfer by using adenosine 5'[gamma(S)-16O,17O,18O]triphosphate as substrate. *Biochem. J.* **199**, 227-233

Lucka, L., Krause, M., Danker, K., Reutter, W., Horstkorte, R. (1999) Primary structure and expression analysis of human UDP-*N*-acetyl-glucosamine-2-epimerase/*N*-acetylmannosamine kinase, the bifunctional enzyme in neuraminic acid biosynthesis. *FEBS Lett.* **454**, 341-344

Maliekal, P., Vertommen, D., Delpierre, G., Van Schaftingen, E. (2006) Identification of the sequence encoding *N*-acetylneuraminate-9-phosphate phosphatase. *Glycobiology* **16**, 165-172

Malykh, Y. N., Krisch, B., Gerady-Schahn, R., Lapina, E. B., Shaw, L., Schauer, R. (1999) The presence of *N*-acetyneuraminic acid in Malpighian tubules of larvae of the cicada Philaenus spumarius. *Glycoconj. J.* **16**, 731-739

Manzi, A. E., Dell, A., Azadi, P., Varki, A. (1990) Studies of naturally occurring modifications of sialic acids by fast-atom bombardment-mass spectrometry. Analysis of positional isomers by periodate cleavage. *J. Biol. Chem.* **265**, 8094-8107

Marcus, D. M. (1984) A review of the immunogenic and immuno-modulatory properties of glycosphingolipids. *Mol. Immunol.* **21**, 1083-1091

Martin, P. J., Delmotte, M. H., Formstecher, P., Lefebvre, P. (2003) PLZF is a negative regulator of retinoic acid receptor transcriptional activity. *Nucl. Recept.* **1**, 1-11

Martin, M. J., Rayner, J. C., Gagneux, P., Barnwell, J. W., Varki, A. (2005) Evolution of human-chimpanzee differences in malaria susceptibility: relationship to human genetic loss of *N*-glycolylneuraminic acid. *Proc. Natl. Acad. Sci. USA* **102**, 12819-12824

Michele, D. E., Barresi, R., Kanagawa, M., Saito, F., Cohn, R. D., Satz, J. S., Dollar, J., Nishino, I., Kelley, R. I., Somer, H., Straub, V., Mathews, K. D., Moore, S. A., Campbell, K. P. (2002) Post-translational disruption of dystroglycan-ligand interactions in congenital muscular dystrophies. *Nature* **418**, 417-422

Michele, D. E., Campbell, K. P. (2003) Dystrophin-glycoprotein complex: post-translational processing and dystroglycan function. *J. Biol. Chem.* **278**, 15457-15460

Miller-Podraza, H., Bergstrom, J., Milh, M. A., Karlsson, K. A. (1997) Recognition of glycoconjugates by Helicobacter pylori. Comparison of two sialic acid-dependent specificities based on haemagglutination and binding to human erythrocyte glycoconjugates. *Glycoconj. J.* **14**, 467-471

Moloney, D. J., Shair, L. H., Lu, F. M., Xia, J., Locke, R., Matta, K. L., Haltiwanger, R. S. (2000b) Mammalian Notch1 is modified with two unusual forms of O-linked glycosylation found on epidermal growth factor-like modules. *J. Biol. Chem.* **275**, 9604-9611

Mühlenhoff, M., Eckhardt, M., Gerardy-Schahn, R. (1998) Polysialic acid: Three-dimensional structure, biosynthesis and function. *Curr. Opin. Struct. Biol.* **8**, 558-564

Müller-Felber, W. (2003) Diagnostics and therapy of myositis. *Fortschr. Neurol. Psychiatr.* **71**, 549-562

Nishino, I., Noguchi, S., Murayama, K., Driss, A., Sugie, K., Oya, Y., Nagata, T., Chida, K., Takahashi, T., Takusa, Y., Ohi, T., Nishimiya, J., Sunohara, N., Ciafaloni, E., Kawai, M., Aoki, M., Nonaka, I. (2002) Distal myopathy with rimmed vacuoles is allelic to hereditary inclusion body myopathy. *Neurology* **59**, 1689-1693

Noguchi, S., Keira, Y., Murayama, K., Ogawa, M., Fujita, M., Kawahara, G., Oya, Y., Imazawa, M., Goto, Y., Hayashi, Y. K., Nonaka, I., Nishino, I. (2004) Reduction of UDP-*N*-acetylglucosamine 2-epimerase/*N*-acetylmannosamine kinase activity and sialylation in distal myopathy with rimmed vacuoles. *J. Biol. Chem.* **279**, 11402-11407

Nonaka, I. (1999) Distal myopathies. *Curr. Opin. Neurol.* **12**, 493-499

Obenauer, J. C., Denson, J., Mehta, P. K., Su, X., Mukatira, S., Finkelstein, D. B., Xu, X., Wang, J., Ma, J., Fan, Y., Rakestraw, K. M., Webster, R. G., Hoffmann, E., Krauss, S., Zheng, J., Zhang, Z., Naeve, C. W. (2006) Large-scale sequence analysis of avian influenza isolates. *Science* **311**, 1576-1580

Oetke, C., Hinderlich, S., Reutter, W., Pawlita, M. (2003) Epigenetically mediated loss of UDP-GlcNAc 2-epimerase/ManNAc kinase expression in hyposialylated cell lines. *Biochem. Biophys. Res. Commun.* **308**, 892-898

Oetke, C., Vinson, M. C., Jones, C., Crocker, P. R. (2006) Sialoadhesin-deficient mice exhibit subtle changes in B- and T-cell populations and reduced immunoglobulin M levels. *Mol. Cell. Biol.* **26**, 1549-1557

Ofek, I., Sharon, N. (1990) Adhesins as lectins: Specificity and role in infection. *Curr. Top. Microbiol. Immunol.* **151**, 91-113

Olden, K., Parent, J. B., White, S. L. (1982) Carbohydrate moieties of glycoproteins. A re-evaluation of their function. *Biochem. Biophys. Acta.* **650**, 209-232

Park, E. I., Mi, Y., Unverzagt, C., Gabius, H. J., Baenziger, J. U. (2005) The asialoglycoprotein receptor clears glycoconjugates terminating with sialic acid alpha 2,6GalNAc. *Proc. Natl. Acad. Sci. USA* **102**, 17125-17129

Paulson, J. C., Weinstein, J., Schauer, A. (1989) Tissue-specific expression of sialyltransferases. *J. Biol. Chem.* **264**, 10931-10934

Peter-Katalinic, J. P. (2005) O-Glycosylation of Proteins. *Methods in Enzymology* **405**, 139-171

Pilatte, Y., Bignon, J., Lambre, C. R. (1993) Sialic acids as important molecules in the regulation of the immune system: pathophysiological implications of sialidases in immunity. *Glycobiolody* **3**, 201-218

Poe, J. C., Fujimoto, Y., Hasegawa, M., Haas, K. M., Miller, A. S., Sanford, I. G., Bock, C. B., Fujimoto, M., Tedder, T. F. (2004) CD22 regulates B lymphocyte function *in vivo* through both ligand-dependent and ligand-independent mechanisms. *Nat. Immunol.* **5**, 1078–1087

Pollard-Knight, D., Potter, B. V., Cullis, P. M., Lowe, G., Cornish-Bowden, A. (1982) The stereochemical course of phosphoryl transfer catalysed by glucokinase. *Biochem. J.* **201**, 421-423

Pon, R. A., Biggs, N. J., Jennings, H. J. (2007) Polysialic acid bioengineering of neuronal cells by N-acyl sialic acid precursor treatment. *Glycobiology* **17**, 249-260

Reinke, S. (2004) Klonierung, funktionelle Expression und Charakterisierung zweier neuer Isoformen der humanen UDP-*N*-Acetylglucosamin-2-Epimerase/*N*-Acetylmannosaminkinase. Diplomarbeit; Freie Universität Berlin

Reissig, J. L., Strominger, J. L., Leloir, L. F. (1955) A modified colorimetric method for the estimation of N-acetylamino sugars. *J. Biol. Chem.* **217**, 959-966

Rens-Domiano, S., Reisine, T. (1991) Structural analysis and functional role of the carbohydrate component of somatostatin receptors. *J. Biol. Chem.* **266**, 20094-20102

Reuter, G., Pfeil, R., Stoll, S., Schauer, R., Kammerling, J. P., Versluis, C., Vliegenthart, J. F. (1983) Identification of new sialic acids derived from glycoprotein of bovine submandibular gland. *Eur. J. Biochem.* **134**, 139-143

Reutter, W., Kreisel, W., Lesch, R. (1970) Defekt der UDP-*N*-Acetyl-D-glucosamin-2-Epimerase in Hepatomen minimaler Deviation der Ratte. *Hoppe-Seylers Z. Physiol. Chem.* **351**, 1320

Richards, R. L., Moss, J., Alving, C. R., Fishman, P. H., Brady, R. O. (1979) Choleragen (cholera toxin): a bacterial lectin. *Proc. Natl. Acad. Sci. USA* **76**, 1673-1676

Roth, J., Kempf, A., Reuter, G., Schauer, R., Gehring, W. J. (1992) Occurrence of sialic acids in Drosophila melanogaster. *Science* **256**, 673-675

Roth, J., Zuber, C., Wagner, P., Taatjes, D. J., Weisgerber, C., Heitz, P. U., Goridis, C., Bitter-Suermann, D. (1988) Reexpression of poly(sialic acid) units of the neural cell adhesion molecule in Wilms tumor. *Proc. Natl. Acad. Sci. USA* **85**, 2999-3003

Saito, M., Kitamura, H., Sugiyama, K. (2001) Occurrence of gangliosides in the common squid and pacific octopus among protostomia. *Biochim. Biophys. Acta.* **1511**, 271-280

Salama, I., Hinderlich, S., Shlomai, Z., Eisenberg, I., Krause, S., Yarema, K., Argov, Z., Lochmuller, H., Reutter, W., Dabby, R., Sadeh, M., Ben-Bassat, H., Mitrani-Rosenbaum, S. (2005) No overall hyposialylation in hereditary inclusion body myopathy myoblasts carrying the homozygous M712T GNE mutation. *Biochem. Biophys. Res. Commun.* **328**, 221-226

Sanger, F., Nicklen, S., Coulson, A. R. (1977) DNA sequencing with chain-terminating inhibitors. *Proc. Natl. Acad. Sci. USA* **74**, 5463-5467

Sawada, R., Tsuboi, S., Fukuda, M. (1994) Differential E-selectin-dependent adhesion efficiency in sublines of a human colon cancer exhibiting distinct metastatic potentials. *J. Biol. Chem.* **269**, 11425-11431

Schachner, M., Bartsch, U. (2000) Multiple functions of the myelin-associated glycoprotein MAG (siglec-4a) in formation and maintenance of myelin. *Glia.* **29**, 154-165

Schachter, H. (2000) The joy of HexNAc. The synthesis and function of N- and O-glycan branches. *Glycoconj. J.* **17**, 465-483

Schauer, R. (1985) Sialic acids and their role as biological masks. *Trends Biochem. Sci.* **10**, 357-360

Schauer, R., Kelm, S., Reuter, G., Roggentin, P., Shaw, L. (1995) Biochemistry and role of sialic acids. In: *Biology of sialic acids (Rosenberg, A.; Plenum Press, New York)*, 7-67

Schengrund, C. L., Dasgupta, B. R., Ringler, N. J. (1991) Binding of botulinum and tetanus neurotoxins to ganglioside GT1b and derivates thereof. *J. Neurochem.* **57**, 1024-1032

Schlepper-Schäfer, J., Kolb-Bachofen, V., Kolb, H. (1980) Analysis of lectin-dependent recognition of desialylated erythrocytes by Kupffer cells. *Biochem. J.* **186**, 827-831

Schwarzkopf, M., Knobeloch, K. P., Rohde, E., Hinderlich, S., Wiechens, N., Lucka, L., Horak, I., Reutter, W., Horstkorte, R. (2002) Sialylation is essential for early development in mice. *Proc. Natl. Acad. Sci. USA* **99**, 5267-5270

Seppala, R., Tietze, F., Krasnewich, D., Weiss, P., Ashwell, G., Barsh, G., Thomas, G. H., Pachman, S., Gahl, W. A. (1991) Sialic acid metabolism in sialuria fibroblasts. *J. Biol. Chem.* **266**, 7456-7461

Seppala, R., Lehto, V. P., Gahl, W. A. (1999) Mutations in the human UDP-*N*-acetylglucosamine-2-epimerase gene define the disease sialuria and the allosteric site of the enzyme. *Am. J. Hum. Genet.* **64**, 1563-1569

Séveno, M., Bardor, M., Paccalet, T., Gomord, V., Lerouge, P., Faye, L. (2004) Glycoprotein sialylation in plants? *Nat. Biotechnol.* **22**, 1351-1352; author reply

Sharon, N., Lis, H. (1997) Glycoproteins: Structure and Function. In: *Glycosciences (Gabius, H. J., Gabius, S.; Chapman&Hall, Weinheim)*, 133-160

Shah, M. M., Fujiyama, K., Flynn, C. R., Joshi, L. (2003) Sialylated endogenous glycoconjugates in plant cells. *Nat. Biotechnol.* **21**, 1470-1471

Shaw, L., Schauer, R. (1988) The biosynthesis of *N*-glycoloylneuraminic acid occurs by the hydroxylation of the CMP-glycoside of *N*-acetylneuraminic acid. *Biol. Chem. Hoppe-Seyler* **369**, 477-486

Shimamura, M., Shibuya, N., Ito, M., Yamagata, T. (1994) Repulsive contribution of surface sialic acid residues to cell adhesion to substratum. *Biochem. Mol. Biol. Int.* **33**, 871-878

Sillanaukee, P., Ponnio, M., Jaaskelainen, I. P., (1999) Occurrence of sialic acids in healthy humans and different disorders. *Eur. J. Clin. Invest.* **29**, 413-425

Sjoberg, E. R., Manzi, A. E., Khoo, K. H., Dell, A., Varki, A., (1992) Structural and immunological characterisation of O-acetylated GD2. Evidence that GD2 is an acceptor for ganglioside O-acetyltransferase in human melanoma cells. *J. Biol. Chem.* **267**, 16200-16211

Sommar, K. M., Ellis, D. G. (1972) Uridine diphosphate *N*-acetyl-D-glucosamine-2-epimerase from rat liver. I. Catalytic and regulatory properties. *Biochim. Biophys. Acta* **268**, 581-589

Sommar, K. M., Ellis, D. G. (1972) Uridine diphosphate *N*-acetyl-D-glucosamine 2-epimerase from rat liver. II. Studies on the mechanism of action. *Biochim. Biophys. Acta* **268**, 590-595

Spivak, C. T., Roseman, S. (1966) UDP-*N*-acetyl-D-glucosamine-2-epimerase. *Methods Enzymol.* **9**, 612-615

Stäsche, R., Hinderlich, S., Weise, C., Effertz, K., Lucka, L., Moormann, P., Reutter, W. (1997) A bifunctional enzyme catalyzes the first two steps in *N*-acetylneuraminic acid biosynthesis of rat liver. Molecular cloning and functional expression of UDP-*N*-acetyl-glucosamine 2-epimerase/*N*-acetylmannosamine kinase. *J. Biol. Chem.* **272**, 24319-24324

Stanley, P. (1981) Selection of specific wheat germ agglutinin-resistant (WgaR) phenotypes from Chinese hamster ovary cell populations containing numerous lecR genotypes. *Mol. Cell. Biol.* **1**, 687-696

Suzuki, O., Nozaea, Y., Kawaguchi, T., Abe, M. (2002) UDP-GlcNAc-2-epimerase regulates cell surface sialylation and cell adhesion to extracellular matrix in Burkitt´s lymphoma. *Int. J. Oncol.* **20**, 1005-1011

Suzuki, Y., Ito, T., Suzuki, T., Holland, R. E. jr., Chambers, T. M., Kiso, M., Ishida, H., Kawaoka, Y. (2000) Sialic acid species as a determinant of the host range of influenza A viruses. *J. Virol.* **74**, 11825-11831

Takeda, A. (1987) Sialylation patterns of lymphocyte function-associated antigen 1 (LFA-1) differ between T and B lymphocytes. *Eur. J. Immunol.* **17**, 281-286

Tangvoranuntakul, P., Gagneux, P., Diaz, S., Bardor, M., Varki, N., Varki, A., Muchmore, E. (2003) Human uptake and incorporation of an immunogenic nonhuman dietary sialic acid. *Proc. Natl. Acad. Sci. USA* **100**, 12045-12050

Tanner, M. E. (2002) Understanding Nature's Strategies for Enzyme-Catalyzed Racemization and Epimerization. *Acc. Chem. Res.* **35**, 237-246

Tedder, T. F., Tuscano, J., Sato, S., Kehrl, J. H. (1997) CD22, a B lymphocyte-specific adhesion molecule that regulates antigen receptor signaling. *Annu. Rev. Immunol.* **15**, 481-504

Thurin, J., Herlyn, M., Hindsgaul, O., Stromberg, N., Karlsson, K. A., Elder, D., Steplewski, Z., Koprowski, H. (1985) Proton NMR and fast-atom bombardment mass spectrometry analysis of the melanoma-associated ganglioside 9-O-acetyl-G_{D3}. *J. Biol. Chem.* **260**, 14556-14563

Tomimitsu, H., Shimizu, J., Ishikawa, K., Ohkoshi, N., Kanazawa, I., Mizusawa, H. (2004) Distal myopathy with rimmed vacuoles (DMRV). New GNE mutations and splice variant. *Neurology* **62**, 1607-1610

Tomlinson, S., Pontes de Carvalho, L. C., Vandekerckhove, F., Nussenzweig, V. (1994) Role of sialic acid in the resistance of Trypanosoma cruzi trypomastigotes to complement. *J. Immunol.* **153**, 3141-3147

Towbin, H., Staehelin, T., Gordon, J. (1979) Electrophoretic transfer of proteins from polyacrylamide gels to nitrocellulose sheets: Procedure and some applications. *Proc. Natl. Acad. USA* **76**, 4350-4354

Varki, A. (1992) Diversity in the sialic acids. *Glycobiology* **2**, 25-40

Varki, A. (1993) Biological roles of oligosaccharides: All of the theories are correct. *Glycobiology* **3**, 97-130

Varki, A. (2007) Glycan-based interactions involving vertebrate sialic-acid-recognizing proteins. *Nature* **446**, 1023-1029

Varki, N. M., Varki, A. (2007) Diversity in cell surface sialic acid presentations: implications for biology and disease. *Lab. Invest.* **87**, 851-857

Van den Steen, P., Rudd, P. M., Dwek, R. A., Opdenakker, G. (1998) Concepts and principles of O-linked glycosylation. *Crit. Rev. Biochem. Mol. Biol.* **33**, 151-208

Van Rinsum, J., Van Dijk, W., Hooghwinkel, G. J., Ferwerda, W. (1983) Subcellular localization and tissue distribution of sialic acid precursor-forming enzymes. *Biochem. J.* **210**, 21-28

Velasquez, J. G., Canovas, S., Barajas, P., Marcos, J., Jimenez-Movilla, M., Gallego, R. G., Ballesta, J., Aviles, M., Coy, P. (2007) Role of sialic acid in bovine sperm-zona pellucida binding. *Mol. Reprod. Dev.* **74**, 617-628

Viswanathan, K., Tomiya, N., Park, J., Singh, S., Lee, Y. C., Palter, K., Betenbaugh, M. J. (2006) Expression of a functional Drosophila melanogaster CMP-sialic acid synthetase. Differential localization of the Drosophila and human enzymes. *J. Biol. Chem.* **281**, 15929-15940

Wang, Q., Song, C., Li, C. C. (2004) Molecular perspectives on p97-VCP: progress in understanding its structure and diverse biological functions. *J. Struct. Biol.* **146**, 44-57

Wang, Z., Sun, Z., Li, A. V., Yarema, K. J. (2006) Roles for UDP-GlcNAc 2-epimerase/ManNAc 6-kinase outside of sialic acid biosynthesis: modulation of sialyltransferase and BiP expression, G_{M3} and G_{D3} biosynthesis, proliferation, and apoptosis, and ERK1/2 phosphorylation. *J. Biol. Chem.* **281**, 27016-27028

Warren, L., Felsenfeld, H. (1961) *N*-Acetylmannosamine-6-phosphate and *N*-acetylneuraminic acid-9-phosphate as intermediates in sialic acid biosynthesis. *Biochem. Biophys. Res. Commun.* **5**, 185-190

Waslay, L. C., Timony, G., Murtha, P., Stoudemire, J., Dorner, A. J., Caro, J., Krieger, M., Kaufman, R. J. (1991) The importance of N- and O- linked oligosaccharides for the biosynthesis and in vitro and in vivo biologic activities of erythropoietin. *Blood* **77**, 2624- 2632

Watts, G. D. J., Thorne, M., Kovach, M. J., Pestronk, A., Kimonis, V. E. (2003) Clinical and genetic heterogeneity in chromosome 9p associated hereditary inclusion body myopathy: exclusion of GNE and three other candidate genes. *Neuromuscular Disorders* **13**, 559-567

Watts, G. D. J., Wymer, J., Kovach, M. J., Mehta, S. G., Mumm, S., Darvish, D., Pestronk, A., Whyte, M. P., Kimonis, V. E. (2004) Inclusion body myopathy associated with Paget disease of bone and frontotemporal dementia is caused by mutant valosin-containing protein. *Nat. Genet.* **36**, 377-381

Weidemann, W., Stelzl, U., Lisewski, U., Bork, K., Wanker, E. E., Hinderlich, S., Horstkorte, R. (2006) The collapsin response mediator protein 1 (CRMP-1) and the promyelocytic leukemia zinc finger protein (PLZF) bind to UDP-*N*-acetylglucosamine 2-epimerase/*N*-acetylmannosamine kinase (GNE), the key enzyme of sialic acid biosynthesis. *FEBS Lett.* **580**, 6649-6654

Weiss, P., Tietze, F., Gahl, W. A., Seppala, R., Ashwell, G. (1989) Identification of the metabolic defect in sialuria. *J. Biol. Chem.* **264**, 17635-17636

Wells, L., Hart G. W. (2003) O-GlcNAc turns twenty: functional implications for post-translational modification of nuclear and cytosolic proteins with a sugar. *FEBS Lett.* **546**, 154-158

Winder, S. J. (2001) The complexities of dystroglycan. *Trends Biochem. Sci.* **26**, 118-124

Yamashita, K., Fukushima, K., Sakiyama, T., Murata, F., Kuroki, M., Matsuoka, Y. (1995) Expression of Sia alpha 2,6Gal beta 1,4GlcNAc residues on sugar chains of glycoproteins including carcinoembryonic antigens in human colon adenocarcinoma: Applications of Trichosanthes japonica agglutinin I for early diagnosis. *Cancer Res.* **55**, 1675-1679

Yang, L. J., Lorenzini, I., Vajn, K., Mountney, A., Schramm, L. P., Schnaar, R. L. (2006) Sialidase enhances spinal axon outgrowth *in vivo*. *Proc. Natl. Acad. Sci. USA* **103**, 11057-11062

Yarema, K. J., Goon, S., Bertozzi, C. R. (2001) Metabolic selection of glycosylation defects in human cells. *Nat. Biotechnol.* **19**, 553-558

Yoshida, A., Kobayashi, K., Manya, H., Taniguchi, K., Kano, H., Mizuno, M., Inazu, T., Mitsuhashi, H., Takahashi, S., Takeuchi, M., Herrmann, R., Straub, V., Talim, B., Voit, T., Topaloglu, H., Toda, T., Endo, T. (2001) Muscular dystrophy and neuronal migration disorder caused by mutations in a glycosyltransferase, POMGnT1. *Dev. Cell* **1**, 717-724

Yunis, E. J., Samaha, F. J. (1971) Inclusion body myositis. *Lab Invest.* **25**, 240-248

Yuyama, Y., Yoshimatsu, K., Ono, E., Saito, M., Naiki, M. (1993) Postnatal change of pig intestinal ganglioside bound by Escherichia coli with K99 fimbriae. *J. Biochem. (Tokyo)* **113**, 488-492

Zaccai, N. R., May, A. P., Robinson, R. C., Burtnick, L. D., Crocker, P. R., Brossmer, R., Kelm, S., Jones, E. Y. (2007) Crystallographic and in silico analysis of the sialoside-binding characteristics of the Siglec sialoadhesin. *J. Mol. Biol.* **365**, 1469-1479

Zacharski, L. R., Ornstein, D. L. (1998) Heparin and cancer. *Thromb. Haemost.* **80**, 10-23

Zhou, Q., Hakomori, S., Kitamura, K., Igarashi, Y. (1994) GM3 directly inhibits tyrosine phosphorylation and de-N-acetyl-GM3 directly enhances serine phosphorylation of epidermal growth factor receptor, independently of receptor-receptor interaction. *J. Biol. Chem.* **269**, 1959-1965

Zimmer, G., Suguri, T., Reuter, G., Yu, R. K., Schauer, R., Herrler, G. (1994) Modification of sialic acids by 9-O-acetylation is detected in human leucocytes using the lectin property of influenza C virus. *Glycobiology* **4**, 343-349

Abbildungsverzeichnis

Abkürzungsverzeichnis

Ac	Acetyl
Amp	Ampicillin
ATP	Adenosintriphosphat
bp	Basenpaare
But	Butyl
BSA	Bovine Serumalbumin
Cm	Chloramphenicol
CD	Differenzierungscluster
CHO	*Chinese Hamster Ovary*
CMP	Cytidinmonophosphat
Da	Dalton
DEPC	Diethylpyrocarbonat
DMSO	Dimethylsulfoxid
DTT	Dithiothreitol
EDTA	Ethylendiamintetraessigsäure
EGF	Epidermal Growth Factor
ES-Zellen	Embryonale Stammzellen
FACS	*Fluorescence Activated Cell Sorting*
FCS	Fötales Kälberserum
Fuc	Fucose
Gal	Galactose
GalNAc	*N*-Acetylgalactosamin
GlcNAc	*N*-Acetylglucosamin
GNE	UDP-GlcNAc-2-Epimerase/ManNAc-Kinase
GST	Glutathion-*S*-Transferase
HEPES	N-2-Hydroxyethylpiperazin-N'-2-ethansulfonsäure
His-Tag	6x Histidin-Tag
h-IBM	Erbliche Inclusion-Body-Myopathie
s-IBM	Sporadische Inclusion-Body-Myopathie
IPTG	Isopropyl-1-thio-β-D-galactosid
LB	Lauria Bertani
LFA	*Limax flavus*
Lt	Lactoyl
M	Molar
MAA	*Maackia amurensis*
MALDI	Matrixunterstützte Laserdesorption/-ionisierung
ManNAc	*N*-Acetylmannosamin
ManNGc	*N*-Glycolylmannosamin
Me	Methyl
MOI	*Multiplicity of infection*
MS	Massenspektroskopie
NCAM	Neurales Zelladhäsionsmolekül
Neu5,9Ac_2	9-O-Acetylierte Neu5Ac
Neu5Ac	*N*-Acetylneuraminsäure

Neu5Ac9Lt	9-O-Lactosylierte Neu5Ac
Neu5Gc	*N*-Glycoylneuraminsäure
Neu5Prop	*N*-Propylneuraminsäure
Ni-NTA	Nickel-Nitrilotriessigsäure
OD	Optische Dichte
PAGE	Polyacrylamid-Gelelektrophorese
PBS	Phosphate buffered saline
PCR	Polymerase-Kettenreaktion
PFU	*Plaque-forming units*
PMSF	Phenylmethylsulfonylfluorid
PSA	Polysialinsäure
Prop	Propyl
Rf	Retentionsfaktor
rpm	*Rounds per minute*
RT	Reverse Transkriptase
SDS	Natriumdodecylsulfat
TAE	Tris-Acetat-EDTA-Puffer
Taq	*Thermus aquaticus*
Tris	Tris(hydroxymethyl)aminomethan
U	*Unit*
UDP	Uridindiphosphat
UDP-GalNAc	UDP-*N*-Acetylgalactosamin
UDP-GlcNAc	UDP-*N*-Acetylglucosamin
VVA	*Vicia villosa*

Anhang

Oligonucleotidsequenzen

hGNE1A-For	5'-ATggAgAAgAATggAAATAACCgAAAg-3'	27 bp
hGNE2A-For	5'-AgggTACAgAgCTCgTgCTTCggg-3'	24 bp
hGNEA-Rev	5'-ggCAgCCTgCCAAAAggATgC-3'	21 bp
hGNEB-Rev	5'-CTAgTAgATCCTgCgTgTTgTgTAgTC-3'	27 bp
mGNE1-1-For	5'-ATggAgAAgAACgggAACAACCgAAAgCTCCgg-3'	33 bp
mGNE2-1-For	5'-ATggAAACACACgCgCATCTCC-3'	22 bp
mGNEA-Rev	5'-TgACCTCgCCTCCTTCAATg-3'	20 bp
hGNE1B-For	5'-ATggAgAAgAATggAAATAACCgAAAgCTgCgg-3'	33 bp
hGNE2B-For	5'-ATggAAACCTATggTTATCTgCAgAgggAgTCATgCTTT CAAggA-3'	45 bp
hGNE3-For	5'-ATggTTATCTgCAgAgggAgTCATgCTTTCAAggACCTC ATAAATACATATCgAATg-3'	57 bp
hGNEC-Rev	5'-CTAgTgATggTgATggTgATgATCgATTgggTAgATCCT gCgTgT-3'	45 bp
mGNE1-2-For	5'-ATggAgAAgAACgggAACAACCgAAAgCTC-3'	30 bp
mGNE2-2-For	5'-ATggAAACACACgCgCATCTCCACAgg-3'	27 bp
mGNEB-Rev	5'-CTAgTgATggTgATggTgATgATCgATTgggTggATCCT gCgCgT-3'	45 bp
hGNE3EC-For	5'-gAATTCgAATTCATggTTATCTgCAgAggg-3'	30 bp
hGNE3EC-Rev	5'-gCggCCgCgCggCCgCgTAgATCCTgCg-3'	28 bp
SZGNE1-For	5'-ATggAgAAgAATggAAATAACCg-3'	23 bp
SZGNE2-For	5'-ATggAAACCTATggTTATCTgC-3'	22 bp
SZGNE3-For	5'-ATggTTATCTgCAgAgggAg-3'	20 bp

SZGNE-Rev	5'-gTAgATCCTgCgTgTTgT-3'	18 bp
pFASTBAC1-For	5'-TggCTACgTATACTCCggAA-3'	20 bp
bact1546s	5'-ACACggCATTgTAACCAACTgg-3'	22 bp
bact2553r	5'-CTCATTgCCgATAgTgATgACC-3'	22 bp
MutHybrid1-For	5'-AggCTCCACACgATTgTgAgAggggAAgATgAAgC-3'	35 bp
MutHybrid1-Rev	5'-gCTTCATCTTCCCCTCTCACAATCgTgTggAgCCT-3'	35 bp
MutHybrid2-For	5'-CATCAAgACAgAgCCCgAgTTCTTTgAgTTggACgTg-3'	37 bp
MutHybrid2-Rev	5'-CACgTCCAACTCAAAgAACTCgggCTCTgTCTTgATg-3'	37 bp
Oxr1 lonG-For	5'-gAATTCATggACTACCTgACgACg-3'	24 bp
Oxr1 short-For	5'-gAATTCATgTCTTTTCAgAAACCTAAAggg-3'	30 bp
Oxr1-Rev	5'-gCggCCgCCTATTCAAAAgCCCAgATTTC-3'	29 bp
Oxr1 kurz-Rev	5'-ATggCAgAAgTCCCTTCCT-3'	19 bp
MuthGNE1-For	5'-ggATATCTgCAgAATTCAggATggAgAAgAATggAAATA ACC-3'	42 bp
MuthGNE1-Rev	5'-ggTTATTTCCATTCTTCTCCATCCTgAATTCTgCAgATA TCC-3'	42 bp
MuthGNE3-For	5'-ATggATATCTgCAgAATTCAggATggTTATCTgCAgAg ggAgTC-3'	44 bp
MuthGNE3-Rev	5'-gACTCCCTCTgCAgATAACCATCCTgAATTCTgCA gATATCCAT-3'	44 bp
MuthGNE3II-For	5'-AgTATACTCAgTTCAATCCTAAAACCTATgAAgAgAgg-3'	38 bp
MuthGNE3II-Rev	5'-CCTCTCTTCATAggTTTTAggATTgAACTgAgTATACT-3'	38 bp
MutmGNE2-For	5'-gTAAAAAgAAgCAAgTCgCggAgAAgAACgggAA CAACCg-3'	40 bp
MutmGNE2-Rev	5'-CggTTgTTCCCgTTCTTCTCCgCgACTTgCTTCT TTTTAC-3'	40 bp

Mut Oxr1-For	5'-ggATTCTTTTCTTCATgAgAACTCgTTACACCAAgAAg AgAgTC-3'	44 bp
Mut Oxr1-Rev	5'-gACTCTCTTCTTggTgTAACgAgTTCTCATgAAgAAAA gAATCC-3'	44 bp
M13-For	5' IRD 800-gTAAAACgACggCCAgT-3'	17 bp
M13-Rev	5' IRD 700-CAggAAACAgCTATgACCATg-3'	21 bp
pFASTBAC-For	5' IRD 800-TggCTACgTATACTCCggAA-3'	20 bp
pFASTBAC-Rev	5' IRD 700-TTTCAggTTCAgggggAggT-3'	20 bp
GST-For	5' IRD 800-ATCTggTTCCgCgTggATC-3'	19 bp
pGEX-Rev	5' IRD 700-TCCgggAgCTgCATgTgTCAgAgg-3'	24 bp
T7-For	5' IRD 800-TAATACgACTCACTATAggg-3'	20 bp
BGH-Rev	5' IRD 700-TAgAAggCACAgTCgAgg-3'	18 bp
h64-For	5' IRD 800-CAgCCATggTggAgTCAgTA-3'	20 bp
h64-Rev	5' IRD 700-TgTCATAggAAgggCAgCCT-3'	20 bp
h53-For	5' IRD 800-gTgATCAACCTgggAACACgT-3'	21 bp
h53-Rev	5' IRD 700-CggCCAAggCACTTAgAgT-3'	19 bp
h42-For	5' IRD 800-CCAAgAgTggAACTCTgTggA-3'	21 bp
h42-Rev	5' IRD 700-ggAgCTTCCgTggATCAATT-3'	20 bp
m64-For	5' IRD 800-gCCATggTAgAgTCggTA-3'	18 bp
m64-Rev	5' IRD 700-TgTCATAggAAgggCAgCCT-3'	20 bp
m53-For	5' IRD 800-gTgATCAACCTgggCACAAg-3'	20 bp
m53-Rev	5' IRD 700-AgCCAAggCACTCAgAgT-3'	18 bp
m42-For	5' IRD 800-CAggAATggAACTCCgTggA-3'	20 bp
m42-Rev	5' IRD 700-ACTgATCCACggCAgCTC-3'	18 bp

Oxr1 497-For	5' IRD 800-AgACCACTAATCCTgATgTCC-3'	21 bp
Oxr1 1265-For	5' IRD 800-ACTTTCAAggAATATCAggTCC-3'	22 bp
Oxr1 1787-For	5' IRD 800-ATgCCTTCTTCATTCAgTgg-3'	20 bp
Oxr1 654-Rev	5' IRD 700-AgCACACCACTgACTgTgCCC-3'	21 bp
Oxr1 1283-Rev	5' IRD 700-TgTgCTgTCTTCTTTAggACC-3'	21 bp
Oxr1 1976-Rev	5' IRD 700-ACTCCAggTCTgCTTTCACTg-3'	21 bp

Vektorkarte und Multiple cloning sites des pCR®-Blunt-Vektors

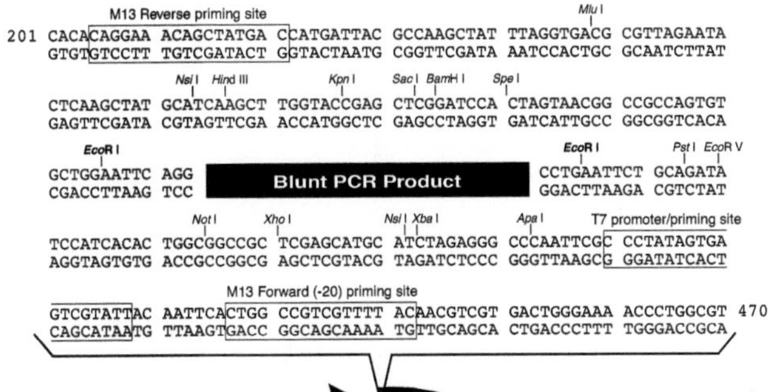

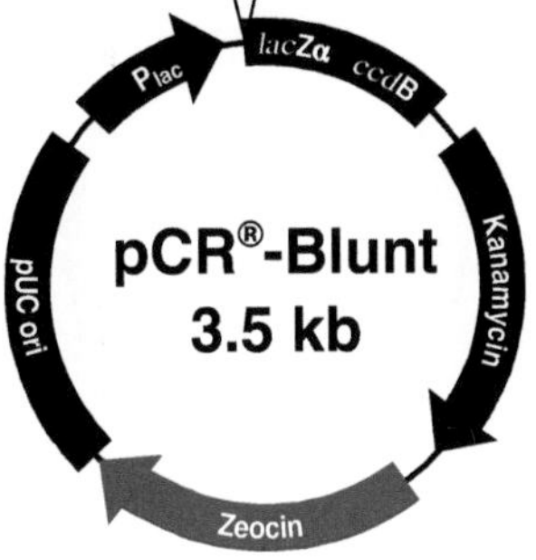

Comments for pCR®-Blunt
3512 nucleotides

Lac promoter/operator region: bases 95-216
M13 Reverse priming site: bases 205-221
LacZ-alpha ORF: bases 217-570
T7 promoter priming site: bases 400-419
M13 Forward (-20) priming site: bases 427-442
Fusion joint: bases 571-579
ccdB lethal gene ORF: bases 580-882
Kanamycin resistance ORF: bases 1231-2025
Zeocin resistance ORF: bases 2231-2605
pUC origin: bases 2673-3386

Invitrogen™
life technologies

Vektorkarte und Multiple cloning sites des pCR®2.1-TOPO-Vektors

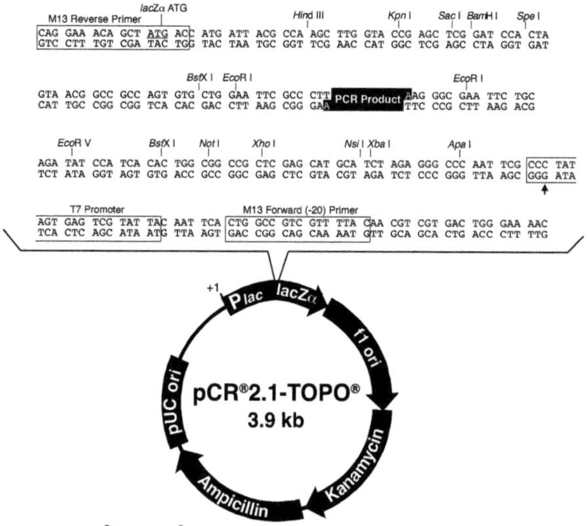

Comments for pCR®2.1-TOPO®
3931 nucleotides

LacZα fragment: bases 1-547
M13 reverse priming site: bases 205-221
Multiple cloning site: bases 234-357
T7 promoter/priming site: bases 364-383
M13 Forward (-20) priming site: bases 391-406
f1 origin: bases 548-985
Kanamycin resistance ORF: bases 1319-2113
Ampicillin resistance ORF: bases 2131-2991
pUC origin: bases 3136-3809

Invitrogen™
life technologies

Vektorkarte und Multiple cloning sites des pFASTBAC™ 1-Vektors

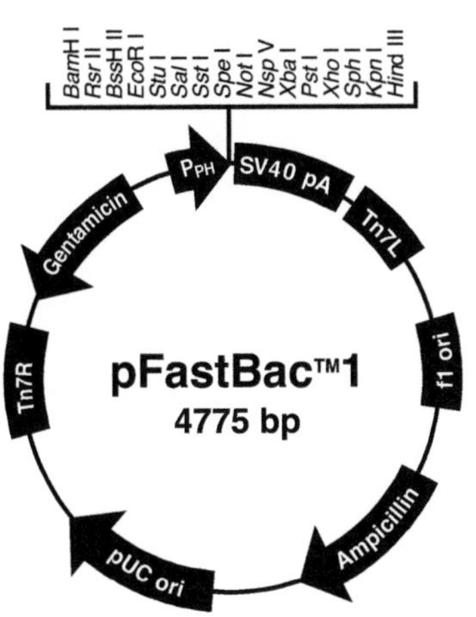

Comments for pFastBac™1
4775 nucleotides

f1 origin: bases 2-457
Ampicillin resistance gene: bases 589-1449
pUC origin: bases 1594-2267
Tn7R: bases 2511-2735
Gentamicin resistance gene: bases 2802-3335 (complementary strand)
Polyhedrin promoter (P_{PH}): bases 3904-4032
Multiple cloning site: bases 4037-4142
SV40 polyadenylation signal: bases 4160-4400
Tn7L: bases 4429-4594

Invitrogen™
life technologies

Vektorkarte und Multiple cloning sites des pGEX™-4T-1-Vektors

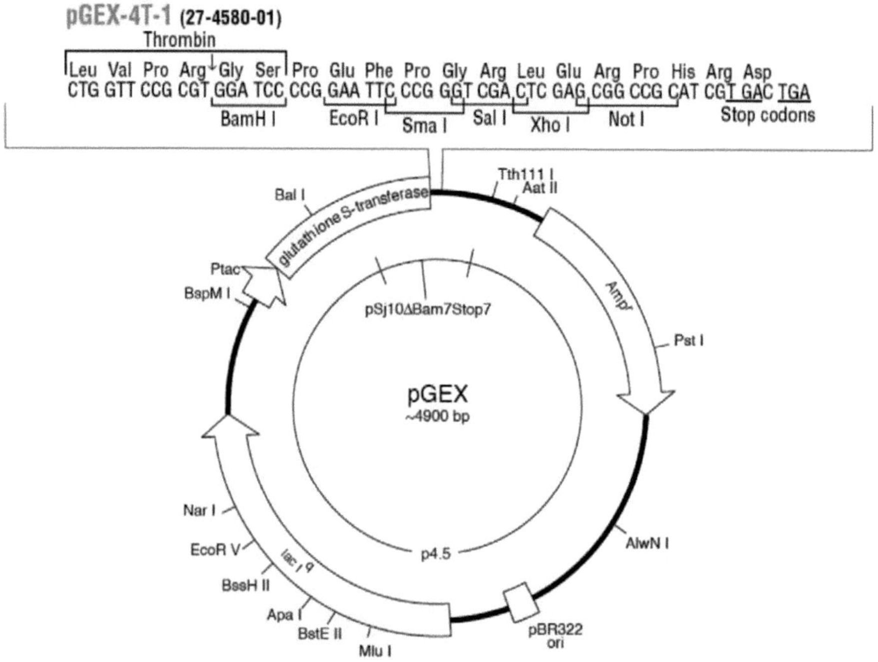

Vektorkarte und Multiple cloning sites des pUMVC3-Vektors

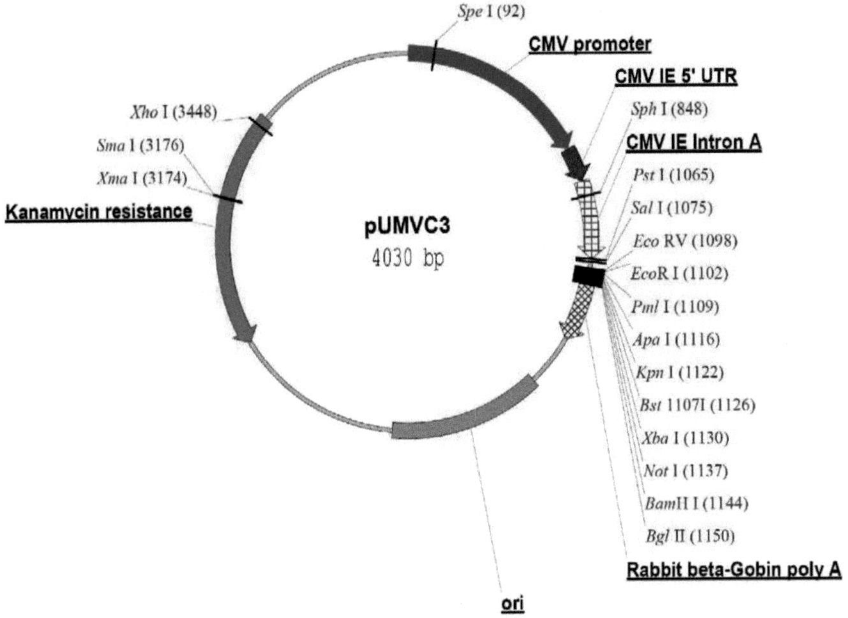

Vektorkarte und Multiple cloning sites des pcDNA3.1/V5-His-TOPO-Vektors

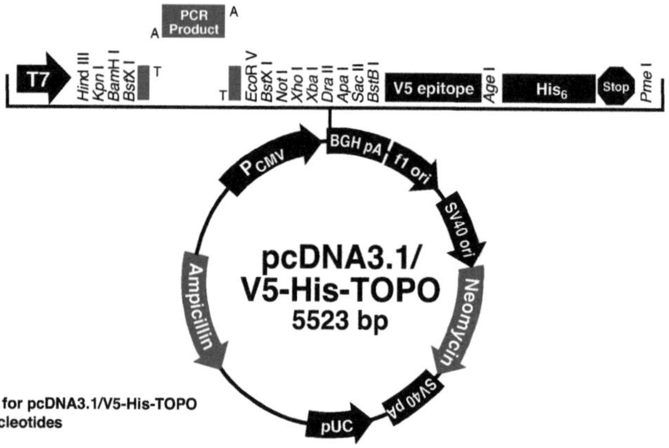

Comments for pcDNA3.1/V5-His-TOPO
5523 nucleotides

CMV promoter: bases 209-863
T7 promoter/priming site: bases 863-882
Multiple cloning site: bases 902-1019
TOPO® Cloning site: 953-954
V5 epitope: bases 1020-1061
Polyhistidine tag: bases 1071-1088
BGH reverse priming site: bases 1111-1128
BGH polyadenylation signal: bases 1110-1324
f1 origin of replication: bases 1387-1800
SV40 promoter and origin: bases 1865-2190
Neomycin resistance gene: bases 2226-3020
SV40 polyadenylation signal: bases 3039-3277
pUC origin: bases 3709-4382
Ampicillin resistance gene: bases 4527-5387

Invitrogen™
life technologies

MIX
Papier aus verantwortungsvollen Quellen
Paper from responsible sources
FSC® C105338

Printed by Books on Demand GmbH, Norderstedt / Germany